山西阳城蟒河猕猴国家级自然保护区总体规划(2019—2028年)及可行性研究报告

张建军 郝育庭 张增元 编著

中国林业出版社

·北京·

图书在版编目(CIP)数据

山西阳城蟒河猕猴国家级自然保护区总体规划(2019—2028)及可行性研究报告/张建军,郝育庭,张增元编著. —北京:中国林业出版社,2021.12
ISBN 978-7-5219-1450-4

Ⅰ.①山… Ⅱ.①张…②郝…③张… Ⅲ.①自然保护区-总体规划-研究-阳城县-2019-2028 Ⅳ.①S759.992.254

中国版本图书馆 CIP 数据核字(2021)第 254454 号

责任编辑:何 鹏 徐梦欣

出版发行 中国林业出版社有限公司(100009 北京市西城区刘海胡同7号)
　　　　　网址 http://www.forestry.gov.cn/lycb.html
　　　　　E-mail hepenge@163.com 电话 010-83143543
印　　刷 三河市双升印务有限公司
版　　次 2021年12月第1版
印　　次 2021年12月第1次印刷
开　　本 889mm×1194mm 1/16
印　　张 9.75
字　　数 268千字
定　　价 65.00元

前　言

山西阳城蟒河猕猴自然保护区于1983年12月经山西省人民政府批准建立；后于1998年8月经国务院批准，晋升为国家级自然保护区。

蟒河保护区是以保护猕猴等珍稀野生动物和暖温带森林生态系统为主的自然保护区。由于太行山南段、中条山东端、太岳山之南、王屋山之北特殊的地理、气候环境，保护区内保存着较大面积呈自然原生状态的栎类天然次生林和大量的野生生物物种，生物多样性丰富，素有"山西动植物资源基因库""动植物天然避难所"之称。

2000年，蟒河保护区组织编制了《山西阳城蟒河猕猴国家级自然保护区总体规划（2001—2015年）》。在国家林业局、山西省林业厅的大力支持下，国家和山西省对蟒河保护区连续三期建设投资，使保护区的管护设施、基础设施、宣教设施等从无到有、初具规模，总体上已建成功能基本完备，设施比较齐全的国家级保护区。

随着原总体规划的到期，经济社会的变迁，我国国家级自然保护区规范化建设的全面推行，保护区内的现有设施和管理能力已不能更好地适应新时代中国特色社会主义和生态文明建设新形势的要求，同时保护区内物种资源分布的变化、保护管理手段的落后，均亟待高起点、高标准地编制新一期的总体规划，制定出新的保护对策和措施，以指导蟒河保护区的未来发展。

在总结前期规划实施经验教训的基础上，蟒河保护区组织人员编制了《山西阳城蟒河猕猴国家级自然保护区总体规划（2019—2028年）》。本规划理念紧跟新时代主题，思路紧密围绕"绿水青山就是金山银山""推进生态文明建设，建设美丽中国"等理念，以《山西阳城蟒河猕猴国家级自然保护区总体规划（2001—2015年）》为基础，依据《自然保护区条例》《自然保护区总体规划技术规程》（GB/T 20399—2006）《自然保护区工程项目建设标准（建标195—2018）》《自然保护区功能区划技术规程（GB/T 35822—2018）》等要求，坚持生态保护优先，凸显自然保护区本质内涵的基本建设理念，以保护区能力建设为主导，以智慧保护区建设为目标，精准规划建设内容，强化保护管理、科研监测、公众宣教、社区共管等方面建设。坚持基础设施不搞重复建设，侧重在现有基础上完善提高；以提高投资效能，实现由基础建设为主向以提升能力为主的发展方式转变，完成了规划项目和内容。

规划编制吸收了省内外国家级自然保护区建设发展的经验，吸纳了山西省林业厅、省直林业单位以及阳城县等地方政府和有关部门、村委的意见和建议。同时，规划编制中广泛征求了山西省生态环境、野生动植物保护等各方面专家、蟒河保护区社区群众的意见，力求使规划有较高的前瞻性和较强的可操作性。

在此，对上级部门、支持单位、各位专家和广大参与者表示衷心感谢！由于水平所限，文本中的错误、疏漏和不妥之处，在所难免，敬请批评指正！

编著者
2021年10月

目 录

上篇 总体规划(2019—2028)

前言

第1章 总 论 ·· 3
  1.1 保护区概况及保护价值 ·· 3
  1.2 规划编制背景及目的 ·· 3
  1.3 规划编制依据 ·· 4
  1.4 保护区性质、类型和主要保护对象 ·· 6
  1.5 规划编制内容 ·· 7
  1.6 规划期限 ·· 9

第2章 自然保护区概况 ·· 10
  2.1 位置与范围 ·· 10
  2.2 历史沿革与法律地位 ·· 10
  2.3 自然环境 ·· 11
  2.4 社区情况 ·· 15
  2.5 土地利用情况 ·· 17
  2.6 基础设施现状 ·· 18

第3章 保护现状及评价 ·· 19
  3.1 保护管理现状 ·· 19
  3.2 保护管理评价 ·· 20
  3.3 存在问题及对策 ·· 23

第4章 基本思路 ·· 28
  4.1 指导思想 ·· 28
  4.2 基本原则 ·· 28
  4.3 规划目标 ·· 29
  4.4 总体布局 ·· 30

第5章 主要建设内容 ·· 33
  5.1 保护管理规划 ·· 33

目录

5.2　科研监测规划 …………………………………………………………… 38
5.3　公众教育规划 …………………………………………………………… 43
5.4　可持续发展规划 ………………………………………………………… 46
5.5　基础设施规划 …………………………………………………………… 52
5.6　智慧保护区建设规划 …………………………………………………… 54

第6章　重点建设工程 …………………………………………………………… 57
6.1　保护管理工程 …………………………………………………………… 57
6.2　科研监测工程 …………………………………………………………… 58
6.3　公众教育工程 …………………………………………………………… 59
6.4　可持续发展工程 ………………………………………………………… 59
6.5　基础设施建设工程 ……………………………………………………… 60
6.6　智慧保护区建设工程 …………………………………………………… 60

第7章　管理机构与能力建设 …………………………………………………… 61
7.1　管理机构 ………………………………………………………………… 61
7.2　人员配置 ………………………………………………………………… 62
7.3　任务和职能 ……………………………………………………………… 63
7.4　能力建设 ………………………………………………………………… 64

第8章　投资估算与效益评价 …………………………………………………… 66
8.1　投资估算 ………………………………………………………………… 66
8.2　效益评价 ………………………………………………………………… 68

第9章　保障措施 ………………………………………………………………… 70
9.1　政策保障 ………………………………………………………………… 70
9.2　组织保障 ………………………………………………………………… 70
9.3　资金保障 ………………………………………………………………… 71
9.4　人才保障 ………………………………………………………………… 71
9.5　管理保障 ………………………………………………………………… 71

下篇　基建项目可行性研究报告

第10章　总论 …………………………………………………………………… 75
10.1　项目提要 ……………………………………………………………… 75
10.2　编制依据 ……………………………………………………………… 77
10.3　主要技术经济指标 …………………………………………………… 78
10.4　可行性研究结论 ……………………………………………………… 79

第11章　项目建设背景及必要性 ……………………………………………… 80
11.1　项目建设背景 ………………………………………………………… 80
11.2　项目建设的必要性 …………………………………………………… 81

第12章 项目建设条件 ... 83
12.1 自然地理条件 ... 83
12.2 社会经济条件 ... 86
12.3 建设单位基本情况 ... 88
12.4 存在问题 ... 89

第13章 项目建设目标 ... 91
13.1 指导思想 ... 91
13.2 建设原则 ... 91
13.3 建设目标 ... 91
13.4 主要建设任务 ... 92

第14章 项目建设方案 ... 93
14.1 总体布局 ... 93
14.2 建设方案 ... 94
14.3 方案可行性分析 ... 99

第15章 消防、安全、卫生、节能节水措施 ... 100
15.1 消防安全 ... 100
15.2 劳动卫生安全 ... 100
15.3 节能节水措施 ... 100

第16章 环境影响评价 ... 102
16.1 环境现状 ... 102
16.2 项目建设对环境影响分析 ... 102
16.3 环境保护措施 ... 103
16.4 环境影响评价 ... 103

第17章 招标方案 ... 104
17.1 依据和范围 ... 104
17.2 招标组织形式 ... 104

第18章 项目组织管理 ... 106
18.1 建设管理 ... 106
18.2 运营管理 ... 107

第19章 项目实施进度 ... 108
19.1 建设期限 ... 108
19.2 进度安排 ... 108

第20章 投资估算与资金来源 ... 109
20.1 投资估算编制说明 ... 109
20.2 投资估算 ... 109
20.3 项目运行(管理)经费 ... 110
20.4 资金来源 ... 110

目 录

第21章 综合评价 111
    21.1 项目风险评价 111
    21.2 项目影响分析 112
    21.3 项目效益评价 112

第22章 结论与建议 113
    22.1 结 论 113
    22.2 建 议 113

附 表 114
    附表1 山西阳城蟒河猕猴国家级自然保护区社区情况统计表 114
    附表2 山西阳城蟒河猕猴国家级自然保护区管理局人员现状统计表 115
    附表3 山西阳城蟒河猕猴国家级自然保护区基础设施现状统计表 116
    附表4-1 山西阳城蟒河猕猴国家级自然保护区重点保护野生动物名录 116
    附表4-2 山西阳城蟒河猕猴国家级自然保护区重点保护野生植物名录 117
    附表4-3 山西阳城蟒河猕猴国家级自然保护区野生动植物资源统计表 118
    附表5 山西阳城蟒河猕猴国家级自然保护区土地资源及利用现状统计表 119
    附表6 山西阳城蟒河猕猴国家级自然保护区功能区划表 120
    附表7 山西阳城蟒河猕猴国家自然保护区一期总体规划完成情况表 120
    附表8 山西阳城蟒河猕猴国家级自然保护区主要建设项目规划表 123
    附表9 山西阳城蟒河猕猴国家级自然保护区工程建设投资估算与安排表 125
    附表10 山西阳城蟒河猕猴国家级自然保护区基础设施建设项目投资估算与安排表 ... 133

附 图 138
    附图1 山西阳城蟒河猕猴国家级自然保护区总体规划位置图 138
    附图2 山西阳城蟒河猕猴国家级自然保护区总体规划卫星影像图 139
    附图3 山西阳城蟒河猕猴国家级自然保护区总体规划土地利用现状图 140
    附图4 山西阳城蟒河猕猴国家级自然保护区总体规划林地权属图 141
    附图5 山西阳城蟒河猕猴国家级自然保护区总体规划植被图 142
    附图6 山西阳城蟒河猕猴国家级自然保护区总体规划重点保护野生植物分布图 ... 143
    附图7 山西阳城蟒河猕猴国家级自然保护区总体规划重点保护野生动物分布图 ... 144
    附图8 山西阳城蟒河猕猴国家级自然保护区总体规划功能区划图 145
    附图9 山西阳城蟒河猕猴国家级自然保护区总体规划一期总体规划完成图 ... 146
    附图10 山西阳城蟒河猕猴国家级自然保护区总体规划总体规划布局图 147
    附图11 山西阳城蟒河猕猴国家级自然保护区总体规划生态旅游规划图 148

上篇

总体规划(2019—2028)

第1章 总　论

1.1　保护区概况及保护价值

山西阳城蟒河猕猴国家级自然保护区(以下简称蟒河保护区)位于山西省东南部、山西省晋城市阳城县境内，地处太行山南段、中条山东端、太岳山南缘、王屋山北界，其南部为省界与河南省济源市联接。蟒河之"蟒"，古亦称"漭"或"莽"，其意：一是蟒河之水曲折婉延，神似游龙，或其地形起伏转折较多，形似巨蟒；二是该地区草木茂盛，苍苍莽莽，可以为野生动物提供良好的繁衍栖息场所。由"蟒"字可见该地区地形地貌之独特，水能资源和森林资源之丰富。蟒河发源于蟒河保护区内最高峰指柱山下的出水洞，流经山西省的阳城县、河南省的济源市、孟州市，经温县、武陟县入黄河，全长130km，其中保护区内流程30km。

蟒河保护区始建于1983年12月，是根据《山西省人民政府关于建立历山、蟒河保护区的批复》(〔83〕晋政函37号)成立。1998年8月，经《国务院关于发布红松洼等国家级自然保护区名单的通知》(国函〔1998〕68号)批准，晋升为国家级自然保护区。蟒河保护区地理坐标112°22′10″~112°31′35″E，35°12′30″~35°17′20″N，总面积5573.00hm^2。其中，核心区面积3397.50hm^2，占全区总面积的60.96%，缓冲区面积419.20hm^2，占全区总面积的7.52%，实验区面积1756.30hm^2，占全区总面积的31.52%。

蟒河保护区是山西高原和河南中原的咽喉通衢，是中原大地通往秦岭山麓的东入口，是太行山脉和太岳山脉生境廊道的联结点，是山西省规划建设的首批国家公园的重要组成部分。蟒河保护区在动物区系上处于东洋界和古北界的过渡地带，植物区系上处于亚热带和暖温带的交汇地段。受第四季冰川的影响，区内山势陡峻，沟深崖高，区系植物成份复杂，具有明显的植被垂直带谱。保护区内分布着华北地区唯一残存的灵长类动物猕猴，为国家二级重点保护野生动物，在《中国濒危动物红皮书 兽类》中被列为易危种，保护区内还保存着以栓皮栎、檀子栎为主的栎类落叶阔叶林，群落结构完整，具有很高的科研价值。

1.2　规划编制背景及目的

党的十九大报告指出：人类必须尊重自然、顺应自然、保护自然，要实施重要生态系统保护和修复重大工程，优化生态安全屏障体系，构建生态廊道和生物多样性保护网络，提升生态系统的稳定性。要坚持人与自然和谐共生，树立和践行"绿水青山就是金山银山"的理念，把生态文明建设纳入"两个一百年"奋斗目标。习近平总书记非常重视生态建设，强调必须树立尊重自然、顺应自然、保护自然的生态文明理念，坚持保护优先、自然恢复为主，把生态环境建设放在更加突出的位置，像保护眼睛一样保护生态环境，像对待生命一样对待生态环境。2017年，甘肃祁连山保护区生态环境破坏突出问题发生后，习近平总书记先后作出多次批示，党中央处理和问责了一批责任人员，为生态环境保护敲响了警钟。

在2018年5月召开的全国环境保护大会上，习近平总书记指出：生态是统一的自然系统，是相互依存、紧密联系的有机链条。山水林田湖草是一个生命共同体，人的命脉在田，田的命脉在水，水的命脉在山，山的命脉在土，土的命脉在林和草。这个生命共同体是人类生存发展的物质基础。因此，加强生态保护，特别是自然保护区建设是贯彻习近平总书记生态文明建设重大战略思想的集中体现，也是保护自然资源，管理好自然保护区的重要前提。

蟒河保护区成立初期为了快速扭转保护区基础设施落后，管理水平低下的局面，2000年编制了《山西蟒河猕猴国家级自然保护区总体规划(2001—2015年)》，规划期处于我国自然保护区事业发展的起步初级阶段，建设的规范性不强。经过前期项目建设，蟒河保护区已基本完成了2001—2015年总体规划建设内容。

近年来，为了进一步规范国家级自然保护区的建设和管理，充分发挥自然保护区的各种功能，提高管理水平和保护效果，国家环境保护部于2009年印发了《国家级自然保护区规范化建设和管理导则(试行)》。2010年国务院办公厅下发了《关于做好自然保护区管理有关工作的通知》，针对我国自然保护区的形势和面临的新情况、新问题，提出了加强管理的新要求。2011年国家林业局就进一步加强林业系统自然保护区管理工作下发通知，要求各级林业主管部门深入贯彻落实国务院办公厅《关于做好自然保护区管理有关工作的通知》精神，切实加强森林、湿地、荒漠、野生动物和野生植物类型自然保护区建设和科学化、规范化管理，进一步发挥自然保护区在保护生物多样性、维护国土生态安全、建设生态文明和促进经济社会可持续发展方面的重要作用。2015年国家林业局出台了《国家级自然保护区总体规划审批办法》，要求自然保护区总体规划技术深度必须达到《自然保护区总体规划技术规程(GB/T 20399—2006》的要求。2017年国家林业局办公室印发了《关于进一步加强林业自然保护区监督管理工作的通知》。随着各种政策法规的完善，规程标准的颁布，当前国家级自然保护区建设、管理和保护工作已经进入规范化发展的新阶段。

加强自然保护区建设，做好总体规划编制工作，是贯彻落实习近平新时代中国特色社会主义思想、建设生态文明、美丽中国的具体体现。为了进一步推动蟒河保护区的健康可持续发展，需要严格按照规范化建设标准，在总结保护区以往建设经验的基础上，查找完善不足，编制好新一期保护区总体规划。新一期总体规划应围绕解决好生物多样性保护、野生动物栖息地保护、基因资源保存、科普宣教、科研监测、自然资源利用等问题，提出保护与发展对策，规划科学的建设措施，为保护区的可持续发展提供建设蓝本，推动蟒河保护区生态文明建设上到一个新的台阶。

1.3 规划编制依据

1.3.1 法律法规

(1)《中华人民共和国环境保护法》(2016年修订)；

(2)《中华人民共和国森林法》(1998年修订)；

(3)《中华人民共和国大气污染防治法》(2000年)；

(4)《中华人民共和国水土保持法》(2010年)；

(5)《中华人民共和国野生动物保护法》(2018年10月修订)；

(6)《中华人民共和国土地管理法》(2004年);
(7)《中华人民共和国动物防疫法》(2013年);
(8)《中华人民共和国固体废物污染环境防治法》(2016年);
(9)《中华人民共和国水污染防治法》(2008年);
(10)《中华人民共和国自然保护区条例》(2017年);
(11)《森林和野生动物类型自然保护区管理办法》(1985年);
(12)《中华人民共和国野生动物保护法实施条例》(2018年);
(13)《中华人民共和国野生植物保护条例》(1996年);
(14)《山西省实施<中华人民共和国野生动物保护法>办法》(2018年);
(15)《自然保护区土地管理办法》(1995年)。

1.3.2 国际公约

(1)《生物多样性保护公约》(1993年);
(2)《濒危野生动植物种国际贸易公约》(2017年);
(3)《联合国气候变化框架公约》(1992年)。

1.3.3 规范性文件

(1)《中共中央 国务院关于加快推进生态文明建设的意见》(2015年);
(2)国务院办公厅《关于做好自然保护区管理有关工作的通知》(2010年);
(3)环境保护部《国家级自然保护区规范化建设和管理导则(试行)》(2009年);
(4)环境保护部《关于进一步加强涉及自然保护区开发建设活动监督管理的通知》(2015年);
(5)国家林业局《关于印发国家级自然保护区总体规划审批管理办法的通知》(2015年);
(6)《国家林业局关于编制国家级自然保护区总体规划有关问题的通知》(2010年);
(7)《国家林业局办公室关于进一步加强林业自然保护区监督管理工作的通知》(2017年);
(8)《国家林业和草原局野生动植物保护与自然保护区管理司关于进一步加强自然保护区总体规划编制工作的通知》(2018年);
(9)《国家重点保护野生动物名录》(1989年);
(10)《国家重点保护野生植物名录(第一批)》(1999年)。

1.3.4 技术规范与规划

(1)《自然保护区总体规划技术规程》(GB/T 20399—2006);
(2)《自然保护工程项目建设标准》(建标195—2018);
(3)《自然保护区功能区区划技术规程》(GB/T 35822—2018);
(4)《土地利用现状分类》(GB/T 21010—2017);
(5)《自然保护区管护基础设施建设技术规范》(HJ/T 129—2003);
(6)《自然保护区生态旅游规划技术规程》(GB/T 20416—2006);
(7)《自然保护区生物多样性调查规范》(LY/T 1814—2009);
(8)《自然保护区类型与级别划分原则(GB/T 14529—93)》;
(9)《自然保护区生态旅游评价指标》(LY/T 1863—2009);

（10）《森林防火工程技术标准》（LY/T 127—1991）；
（11）《中国生物多样性保护战略与行动计划（2011—2030年）》；
（12）《山西省林业自然保护区发展规划》（2010年）；
（13）《山西省林地保护利用规划》（2010年）；
（14）《阳城县国民经济与社会发展第十三个五年规划纲要》（2016年）；
（15）《阳城县全域旅游战略发展规划》（2015年）；
（16）《山西阳城蟒河猕猴国家级自然保护区科考报告》（2014年）；
（17）《山西阳城蟒河猕猴国家级自然保护区总体规划（2001—2015年）》；
（18）《山西阳城蟒河猕猴国家级自然保护区生态保护现状整体评估》（2016年）。

1.4　保护区性质、类型和主要保护对象

1.4.1　保护区性质

蟒河保护区是以保护猕猴等珍稀野生动物和暖温带森林生态系统为主，集生物多样性保护、科研监测、公众教育和可持续发展等多功能于一体的公益性事业单位，隶属于山西省林业和草原局，业务归口山西省林业和草原局保护处，行政由山西省中条山国有林管理局代管。

1.4.2　保护区类型

根据《自然保护区类型与级别划分原则（GB/T 14529—1993）》之规定，该保护区属于"野生生物类自然保护区"中的"野生动物类型自然保护区"；属于"自然生态系统自然保护区"中的"森林生态系统类型"自然保护区。

按照《自然保护工程项目建设标准》（建标195—2018），属于小型森林生态系统自然保护区。

1.4.3　保护对象

1.4.3.1　野生猕猴种群

猕猴（*Macaca mulatta*）是华北地区唯一现存的非人灵长类动物，蟒河保护区现有7群1273只，其中：自然野生种群6群953只，人工补给投食种群1群320只。

蟒河保护区建区前，特别是新中国成立初期，人们保护生态环境意识淡薄，对野生动物保护不够，经常有猎捕野生猕猴的现象发生，使猕猴资源遭受了破坏，种群数量减少。1983年建区时，经初步调查，区内共有猕猴7群，分别分布在前河、后小河、录化顶、后大河（猴山）、拐庄、川草坪、指柱山，其中前河18只、后小河15只、录化顶19只、后大河（猴山）28只、拐庄44只、川草坪14只、指柱山12只，其群体的自然分布与水源、食物及山崖峭壁等栖息环境相关。保护区采取了加强巡护、建立哨卡、多次组织公安执法等行动，并对后大河（猴山）的猕猴种群进行投食保护，使猕猴种群得到恢复和壮大。2018年猕猴专项调查结果显示，区内猕猴达到1273只。其中，保护区的核心区是野生猕猴的主要分布区，仅猴山的猕猴种群处于实验区。核心区的猕猴增长属纯自然状态，猴山的猕猴种群增长受到人工投食补给等一定程度的干扰，虽然人工投食的种群增长速度快、种群数量多，但其生长特性有了一些改变，与人的交往增多的过程中，对人工投食有了依赖，冬季和早春食物匮乏时，猴山的猕猴对人工投食有了"等待"和"心理期望"，对该群猕猴的减少投食，让其重返野生觅食、自然繁衍是下一

阶段要重点做好的工作。

1.4.3.2　暖温带栎类天然次生林

处于亚热带和暖温带过渡地带的、以栓皮栎（*Quercus variabilis*）、槲子栎（*Quercus baronii*）为优势种的栎类天然次生林森林生态系统。

1.4.3.3　国家、省重点保护野生动物

蟒河保护区处于中国动物地理区划古北界与东洋界的过渡地带，隶属于古北界华北区黄土高原亚区，区内国家Ⅰ级保护的珍稀野生动物有金雕（*Aquila chrysaetos*）、黑鹳（*Ciconia nigra*）、金钱豹（*Panthera pardus*）、原麝（*Moschus moschiferus*），占山西省国家Ⅰ级保护动物现有分布种类的66.67%；国家Ⅱ级保护珍稀野生动物红腹锦鸡（*Chrysolophus pictus*）、勺鸡（*Pucrasia macrolopha*）、大鲵（*Andrias davidianus*）、水獭（*Lutra lutra*）等各种猛禽28种，占山西省国家Ⅱ级保护动物现有分布种类的50%多；山西省级保护的野生动物有刺猬（*Erinaceus europaeus*）、苍鹭（*Ardea cinerea*）、星头啄木鸟（*Dendrocopos canicapillus*）、黑枕黄鹂（*Oriolus chinensis*）、褐河乌（*Cinclus pallasii*）、四声杜鹃（*Cuculus micropterus*）、普通夜鹰（*Caprimulgus indicus*）、冠鱼狗（*Ceryle lugubris*）、发冠卷尾（*Dicrurus hottentottus*）、白顶溪鸲（*Chaimarrornis leucocephalus*）等22种，占山西省种类的90%以上。

1.4.3.4　珍稀濒危野生植物

蟒河保护区植物区系地理成分复杂多样，温带成分占优势，具有典型的暖温带落叶阔叶林的性质，热带成分次之，具有某些暖温带向亚热带过渡的特点。区内国家重点保护野生植物有南方红豆杉（*Taxus mairei* var. *mairei*）、连香树（*Cercidiphyllum japonicum*）2种，蕙兰（*Cymbidium faberi*）、无喙兰（*Holopogon gaudissartii*）、刺五加（*Acanthopanax senticosus*）等7种属第二批讨论稿中列出的种类；山西省重点保护野生植物有匙叶栎（*Quercus spathulata*）、脱皮榆（*Ulmus lamellose*）、山茱萸（*Cornus officinalis*）、青檀（*Pteroceltis tatarinowii*）、异叶榕（*Ficus heteromorpha*）、领春木（*Euptelea pleiospermum*）、竹叶椒（*Zanthoxylum planispinum*）、流苏树（*Chionanthus retusus*）、络石（*Trachelospermum jasminoidea*）、四照花（*Dendrobenthamia japonica*）等27种。

1.5　规划编制内容

1.5.1　规划的基本思路

以党的十九大精神和习近平新时代中国特色社会主义思想为指导，坚持人与自然和谐共生，践行"两山"理念，牢固树立创新、协调、绿色、开放、共享的发展理念，尊重自然、顺应自然、保护自然，坚持改革创新，科技支撑，依法管理，采用先进科学技术手段和有效措施，保护自然资源和自然生态，稳定森林生态系统，增加珍稀、濒危野生动植物种群数量；建立完善的科学监测体系，强化科普宣教功能，积极开展科学研究；统筹保护区与社区经济建设，将保护区建设纳入当地经济社会发展规划中，为其创造良好的政策和发展环境，使保护区建设实现由基础建设为主，向以提质增效、提升能力为主的发展方式的根本转变。

1.5.2　规划的主要建设内容

1.5.2.1　保护管理工程

对原有的蟒河、东山、树皮沟、索龙4个管理站房屋做外墙保温、内部粉刷处理，更换部分老化的水暖电设施；新建西冶、黄瓜掌 2 处保护管理点，兼作进入保护区的防火、检查哨卡，每个管理点建筑面积 100m^2；维护巡护步道 20km；建设视频监控体系，建立 12 个视频监控点，在 4 个管理站分别建设视频前端；对区内的珍稀濒危植物进行围栏、挂牌、人工促进天然更新，建立种质资源圃进行就地保护，利用窟窿山区域弃耕地 7hm^2 进行人工辅助自然恢复，对区内 52 株古树名木进行就地保护；建立猴山猕猴观测站，完善猴山猕猴种群投食退出机制，5 年内采取多种措施使其恢复野生状态；在区内公路重要地段建设 3 处动物通道；组建森林消防队伍，完善森林防火设施设备；持续开展林业有害生物和疫源疫病监测，维护森林资源安全。

1.5.2.2　科研监测工程

开展基础科研和应用科研，做好野生动植物监测，主要目的为搭建平台，积累数据，为保护生物多样性服务。开展综合科学考察，做好极小种群野生物种专项调查；布设 100 台红外相机，开展重点保护野生动物监测；开展自然资源和环境监测，购置便携式监测设备，申请建立山西省森林生态系统定位监测辅站；购置科研标本制作和保管设备，更新保护区卫星影像资料；加强科研队伍建设，培养专业人才，提高保护区科研人员素质，开展科研档案资料数据库规范化建设。

1.5.2.3　公众教育工程

对现有的标本馆升级改造，补充动植物标本，与科研标本保存设施结合，建设 500m^2 的生态文明宣教基地；建设树皮沟至猴山科普宣教小径 8km，以猕猴保护知识为宣教主体，结合野生动植物保护宣传，悬挂树木标识二维码牌 1000 块，建设具有蟒河保护区特色的宣教走廊；配备宣教设备，制作宣教材料，结合保护管理、森林防火、有害生物、疫源疫病、野生动植物宣传、社区农林技术等编制宣教资料，建立保护区科普宣教资料数据库；建立教学实习基地，为入区专家学者、大专院校学生提供良好的服务和调查实习平台。

1.5.2.4　可持续发展工程

协助地方政府，对核心区内 298 户居民实施生态搬迁，并对移民后核心区的林地、土地进行赎买。对于搬迁特别困难的群众，留下生活空间，使其对自然资源和环境的影响程度降到最低；加强对社区公益事业的扶持，建设污水处理系统 2 套，推广节能工程，安装节能灶 200 台，新建前庄到东迆木质桥 1 座；支持社区富民产业，建设蟒河生态采摘园、古村落摄影基地；对实验区居民扶持产业结构调整，开展林下种植、养殖业、林副产品加工、生态旅游服务业、建设水上漂流项目；开展社区人员、保护区管理技术人员培训。

1.5.2.5　基础设施建设工程

按照阳城县政府城市规划，保护区管理局机关需迁出原址，本期规划完成管理局机关迁建，总建筑面积 1280m^2。东山保护管理站现位于保护区核心区内，规划后期完成东山保护管理站迁建，将东山保护管理站迁至花园岭外保护区入口处，新建管理站用房 200m^2；完成供电通讯设施建设，管理局铺设输电线 4km，建配电室 1 座，东山保护管理站铺设输电线 6km，变压器 1 台；完善生活设施建设，完成管理局科研办公综合楼给排水管道铺设，完成新建东山保护管理站给排水管道铺设；完成局、站址实施绿化美化工程 600m^2；购置科研监测用车 1 辆，森林公安派出所配备执法用车 1 辆；完成东山站污水和垃圾处理设施建设。

1.5.2.6　智慧保护区建设

建设智慧保护区平台，采购 1 套信息化建设基础设施设备，对蟒河保护区现有网站进行改造升级，开通微信公众号、微博、论坛等，建设行政管理系统、保护管理系统，实现保护区无纸化办公，建设安装全方位的无线安全免费 WiFi 或 WAPI 系统。

1.5.3 总投资估算

工程建设总投资 6355.24 万元，其中：工程建设费 5781.00 万元，占总投资的 90.96%；工程建设其他费 389.14 万元，占总投资的 6.12%；预备费 185.10 万元，占总投资的 2.92%。

按费用组成分，其中：建安工程 1099.50 万元，占工程建设总投资的 17.30%；设备购置 1626.50 万元，占 25.59%；其他 3629.24 万元，占 57.11%。

1.6 规划期限

蟒河保护区总体规划期限为 10 年，即 2019—2028 年。规划期分两期，前期为 2019—2023 年，后期为 2024—2028 年。

第 2 章 自然保护区概况

2.1 位置与范围

蟒河保护区位于山西省东南部，中条山东端的阳城县境内，地理坐标位于112°22′10″~112°31′35″E，35°12′30″~35°17′20″N，四至范围为：东至豹榆树岭、小南岭，西至指柱山、花园岭，北至三盘山岭，南至胡板岭、省界。全区东西长约15km，南北宽约9km，总面积5573hm^2。其中核心区面积3397.50hm^2、缓冲区面积419.20hm^2、实验区面积1756.30hm^2，分别占保护区总面积的60.96%、7.52%和31.52%。

蟒河保护区管理局机关位于阳城县县城，距山西省省会太原320km，距河南省省会郑州220km，距保护区辖区树皮沟管理站26km、索龙管理站35km、东山管理站35km、蟒河管理站45km。管理局机关与外界交通便利，有安阳高速S65和阳济高速可以通达。

2.2 历史沿革与法律地位

2.2.1 历史沿革

蟒河保护区的前身是"山西省森林经营局台头林场"的一部分。1983年12月，按照山西省林业厅的安排，成立了蟒河保护区筹建工作组，并开展了前期工作，在台头林场与河南省济源市蟒河林场接壤处、阳城县境内，划定保护区面积5573hm^2，成立了"山西省蟒河自然保护区管理所"，为正科级建制的全额事业单位。保护区行政上隶属于山西省中条山森林经营局管理，业务上由山西省林业厅保护处指导。

1995年以后，山西省加大自然保护区工作力度，省林业厅多次组织专家学者对蟒河保护区保护、管理、建设情况进行考察论证，开展了申报晋升国家级自然保护区的工作。

1998年8月18日，经国务院批准，蟒河保护区晋升为国家级自然保护区，名称确定为"山西阳城蟒河猕猴国家级自然保护区"，管理机关名称仍为"管理所"。

2003年，山西省机构编制委员会对蟒河保护区的名称进行了规范，定名为"山西阳城蟒河猕猴国家级自然保护区管理局"。

2006年，山西省机构编制委员会办公室确定蟒河保护区为副处级建制事业单位。

2006年，蟒河保护区有了专门的公安执法机构，为山西省森林公安局中条山分局派出机构蟒河派出所。派出所主要职能是预防和打击破坏森林资源违法犯罪行为，负责对保护区范围内破坏自然生态和野生动植物资源案件依法查处。

2013年，山西省机构编制委员会对蟒河保护区机构设置进行了明确，核定副处级领导1名，正科级领导2名，内设4个科室，下设4个管理站，4个科室各核定正、副科级领导职数各1名。

2.2.2 法律地位

蟒河保护区根据(1983)晋政函37号文《山西省人民政府关于建立历山、蟒河保护区的批复》成立，1998年按照国函〔1998〕68号文《国务院关于发布红松洼等国家级自然保护区名单的通知》批准，晋升为国家级自然保护区，保护内容为猕猴等珍稀野生动物和暖温带森林生态系统。

以上文件明确了蟒河保护区的法律地位，保护区管理部门根据文件划定的面积、区域范围进行保护，具有合法性。保护区管理局持有山西省编委核发的事业单位法人登记证书。

2.3 自然环境

2.3.1 地质地貌

蟒河保护区为石质山区，主要组成是结晶岩和变质岩系，指柱山为最高峰，海拔1572.6m，拐庄为最低点，海拔仅有300m，相对高度差1272.6m。地貌强烈切割，多以深涧、峡谷、奇峰、瀑潭为主，整个地形是四周环山，中为谷地。区内有四道土沟，即后大河沟、阳庄河沟、南河沟、拐庄蟒河沟，沟沟相通；主要山峰有石人山、孔雀山、棋盘山、指柱山、窟窿山、三盘山等，构造复杂，形状多样。总的特点是山峦起伏，沟壑纵横，奇峰林立，形成险峻的陡峰和深谷景观。

2.3.2 气候

蟒河保护区属暖温带季风型大陆性气候，是东南亚季风的边缘地带，其特点是夏季炎热多雨，多为东南风，冬季寒冷干燥，盛行西北风。由于受季风的影响，一年四季分明，光热资源丰富，年平均气温15℃，最高气温41.6℃，极端最低气温-8℃，大于10℃的积温4220℃，无霜期210~240d，年降雨量750~800mm，最高可达950mm。

2.3.3 土壤

蟒河保护区的岩石多系太古界和元古界产物，成土母岩地质年代久远。保护区土壤垂直带谱分布自下而上依次为冲积土、山地褐土、山地棕壤。山麓河谷一带为冲积土，机械组成以沙壤为主，为农田和低山植物分布区；海拔800~1500m土壤主要为山地褐土，受地貌影响土层较薄，一般不超30cm；海拔1500m以上为山地棕壤，面积较小。

2.3.4 水文

蟒河保护区内的河流均属黄河水系。区内水资源丰富，主要有后大河、洪水河两条河流，河水清澈见底，终年不断，源远流长，两条河流在黄龙庙汇集后称蟒河，全长30km，流经河南省注入黄河。蟒河源头出水洞，年出水量760万 m^3，沿线形成湖、泉、潭、瀑、穴景观，极为壮观。保护区周边15km范围内无任何污染源，区内空气清新，水质纯净，水中含有Ca、Mg、Si等多种微量元素，是泉水中的珍品，具有很高的利用价值。境内在蟒河中游建有水库一座，用以蓄水、防洪。

2.3.5 植被

蟒河保护区素有"山西植物资源宝库"的美誉，植物种类丰富。这里除有种类繁多的暖温带地带性植物种类外，亚热带植物和许多山西省稀有的植物也有相当数量的分布。保护区植被区划上属于暖温带落叶阔叶林地带，以栎类为主的林木资源主要以中龄林为主。其中，中龄林面积 3895hm^2，占森林面积的 78.75%；幼龄林 594hm^2，占森林面积的 12.01%，近熟林 457hm^2，占森林面积的 9.24%。

蟒河保护区内灌丛密集，植被茂盛，以阔叶类灌木为主，植被具有明显的垂直地带性。海拔 300~800m 为疏林灌丛及林垦带，植物群系主要以山茱萸（Cornus officinalis）、栓皮栎（Quercus variabilis）林为主，灌木以荆条（Vitex negundo）、杠柳（Periploca sepium）、黄栌（Cotinus coggygria）为主，草本以嵩草（Kobresia myosuroides）、黄背草（Themeda japonica）为主，农作物以小麦（Triticum aestivum）、谷物（Setaria italica）为主。海拔 800~1100m 为栓皮栎林带，植物群系以栓皮栎、橿子栎（Quercus baronii）为主，灌木以荆条、杠柳、荚蒾（Viburnum dilatatum）、黄栌等为主。海拔 1100m 以上植物群落主要以油松、槲栎为主。

保护区植被的分类采用《中国植被》（吴征镒 1995）的原则和依据分类。高级分类单位植被型、植被亚型采用生态外貌原则，群系采用建群种的群落学、生态学差异原则。蟒河保护区植被分类详见表 2-1。

表 2-1 蟒河保护区植被分类系统表

植被型组	植被型	植被亚型	群系	拉丁文
针叶林	温性针叶林	温性松林	油松林	Form. Pinus tabulaeformis
			白皮松林	Form. Pinus bungeana
			侧柏林	Form. Platycladus orientalis
			华山松林	Form. Pinus armandii
	暖性针叶林	暖性常绿针叶林	南方红豆杉林	Form. Taxus mairei
阔叶林	落叶阔叶林	典型落叶阔叶林	辽东栎林	Form. Quercus liaotungensis
			栓皮栎林	Form. Quercus variabilis
			橿子栎林	Form. Quercus baronii
			槲栎林	Form. Quercus aliena
			山茱萸林	Form. Cornus officinalis
			青檀林	Form. Pteroceltis tatarinowii
灌丛和灌草丛	落叶阔叶灌丛	温性落叶阔叶灌丛	酸枣灌丛	Form. Zizyphus jujuba
			荆条灌丛	Form. Vitex negundo var. heterophylla
			绣线菊灌丛	Form. Spiraea salicifolia
			土庄绣线菊灌丛	Form. Spiraea pubescens
			照山白灌丛	Form. Rhododendron micranthum
			黄刺玫灌丛	Form. Rosa xanthina
			虎榛子灌丛	Form. Ostryopsis davidiana
			野皂荚灌丛	Form. Gleditsia microphylla
	灌草丛	温性灌草丛	白羊草草丛	Form. Bothriochloa ischaemum
			黄背草草丛	Form. Themeda japonica
			茭蒿草丛	Form. Artemisia giraldii
			百里香、丛生禾草草丛	Form. Thymus mongolicus
草甸	草甸	典型草甸	薹草草甸	Form. Carex spp.

2.3.6 自然灾害

洪涝灾害。蟒河保护区是山西省降雨较多的地区之一，河床狭窄，突发暴雨时，一些地区偶尔会出现滑坡、冲毁路桥和管护设施等灾情，对保护区的管理和居民生产生活造成影响，对植被也会产生不利影响。2012年6~7月，蟒河阴雨连绵，天气反常，7月30日，再遭遇强降雨，山洪携带泥砂、石块、树枝干等从树皮沟河谷直下，冲毁河床和设施，造成了重大灾害。

早春冻害。由于四周群山环绕，早春常受冰霜雨雪冻害，使山茱萸、连翘等早花树木遭受冻害，结实量降低，使生态也受到一定的损失。

林业有害生物潜在危害。保护区周边地区有松材线虫等病虫害发生，加之社区建设和各种外来设备设施所使用包装材料，均有可能带来病虫害，因此，必须加强对有害生物的监测预报。同时，外来物种的侵入，也是保护区面临的潜在危胁。

疫源疫病潜在危害。蟒河保护区及周边区域是冬春季侯鸟迁飞的通道，必须加强对侯鸟的疫源疫病监测。猕猴种群的患病机理还待进一步研究，人猴共患病仍是潜在威胁。

2.3.7 生物资源

2.3.7.1 动物资源

蟒河保护区山势陡峭、灌丛密集、水质清凉、气候适宜，是野生动物栖息活动的理想场所。保护区已知野生动物285种，分属26目70科。其中鸟类有16目43科215种，兽类有7目16科42种，两栖类1目3科11种，爬行类有2目8科17种，分别占山西省鸟类、兽类、两栖类、爬行类总数的65.9%、59.2%、82.3%和84.9%。

区内属国家一级保护的珍稀野生动物有金雕(*Aquila chrysaetos*)、黑鹳(*Ciconia nigra*)、金钱豹(*Panthera pardus*)、原麝(*Moschus moschiferus*) 4种，二级保护的有猕猴(*Macaca mulatta*)、红腹锦鸡(*Chrysolophus pictus*)、勺鸡(*Pucrasia macrolopha*)、大鲵(*Andrias davidianus*)、水獭(*Lutra lutra*)、猛禽类等28种，省级保护的野生动物有刺猬(*Erinaceus europaeus*)、苍鹭(*Ardea cinerea*)、星头啄木鸟(*Dendrocopos canicapillus*)、黑枕黄鹂(*Oriolus chinensis*)、褐河乌(*Cinclus pallasii*)、四声杜鹃(*Cuculus micropterus*)、普通夜鹰(*Caprimulgus indicus*)、冠鱼狗(*Ceryle lugubris*)、发冠卷尾(*Dicrurus hottentottus*)、白顶溪鸲(*Chaimarrornis leucocephalus*)等22种。蟒河保护区以保护猕猴种群为主，区内猕猴种群共有7群，总量约1273只。

蟒河保护区在动物地理区系上古北界占优势，主要鸟类有勺鸡(*Pucrasia macrolopha*)、雉鸡(*Phasianus colchicus*)、山斑鸠(*Streptopelia orientalis*)、灰喜鹊(*Cyanopica cyana*)、松鸦(*Garrulus glandarius*)等，但东洋界的鸟类也占有相当的比例，典型的有姬啄木鸟(*Picumnus innominatus*)、四声杜鹃(*Cuculus micropterus*)、橙翅噪鹛(*Garrulax elliotii*)、冠鱼狗(*Ceryle lugubris*)、锈脸勾嘴鹛(*Pomatorhinus erythrogenys*)、黄腹山雀(*Parus venustulus*)等，动物区系组成上亦具明显的南部东洋界特征。

蟒河保护区在海拔300~1572m之间不同高度上鸟兽分布亦有所差异。在海拔1000m以上的南坡、1200m以上的北坡，生长着茂密的森林，林下灌草丛丰富，主要分布着金钱豹(*Panthera pardus*)、野猪(*Sus scrofa*)、狗獾(*Meles meles*)、复齿鼯鼠(*Trogopterus xanthipes*)等兽类，鸟类有勺鸡、石鸡(*Alectoris chukar*)、岩鸽(*Columba rupestris*)、松鸦和大嘴乌鸦(*Corvus macrorhynchos*)及金雕(*Aquila chrysaetos*)等猛禽类。

海拔800~1000m左右的稀树灌丛，为蟒河保护区动物富集区，根据其复杂的地形，又分为两种生境，即陡峭山地生境和缓坡山地生境。陡峭山地生境山势陡峭，断崖耸立，坡度多为60°以上，此生境很适合猕猴生存栖息，保护区内的猕猴群都分布在此生境中，为区域分布的优势种。此外，兽类还有复齿鼯鼠、野猪、普通蝙蝠（*Vespertilio murinus*）等。鸟类分布于此生境内的主要有岩燕（*Hirundo rupestris*）、鹪鹩（*Troglodytes troglodytes*）、短耳鸮（*Asio flammeus*）、红嘴蓝鹊（*Urocissa erythrorhyncha*）等。缓坡山地生境主要分布于保护区西段，坡势缓慢，植被为落叶小乔木及灌草丛，分布在此地的鸟类主要有姬啄木鸟、山鹛（*Rhopophilus pekinensis*）、三道眉草鹀（*Emberiza cioides*）、大山雀（*Parus major*）、石鸡等，兽类以狗獾、猪獾（*Arctonyx collaris*）、刺猬等为主。

海拔600~800m之间为近村落生境，灌草丛茂盛，地势开阔，主要分布有灰喜鹊、喜鹊（*Pica pica*）、金翅雀（*Carduelis sinica*）、山麻雀（*Passer rutilans*）、黄眉柳莺（*Phylloscopus inornatus*）等鸟类，兽类以鼠、兔等小型兽类为主。此外，在600m以下为河溪沟谷生境，溪流不断，生活在此生境的鸟类有褐河乌（*Cinclus pallasii*）、冠鱼狗（*Ceryle lugubris*）、白顶溪鸲（*Chaimarrornis leucocephalus*）等，两栖类和爬行类也主要分布于此生境。国家和省重点保护野生动物名录见表2-2。

表2-2 蟒河保护区重点保护野生动物名录表

级别	名 称
国家一级	金雕、黑鹳、金钱豹、原麝
国家二级	大鲵、鸢、苍鹰、雀鹰、松雀鹰、大鵟、普通鵟、毛脚鵟、乌雕、白尾鹞、鹊鹞、白头鹞、猎隼、游隼、燕隼、灰背隼、红脚隼、红隼、红腹锦鸡、勺鸡、红角鸮、鹰鸮、纵纹腹小鸮、长耳鸮、短耳鸮、猕猴、青鼬、水獭
省重点	苍鹭、金眶鸻、四声杜鹃、小杜鹃、普通夜鹰、冠鱼狗、蓝翡翠、星头啄木鸟、牛头伯劳、黑枕黄鹂、灰卷尾、发冠卷尾、北椋鸟、褐河乌、贺兰山红尾鸲、红腹红尾鸲、白顶溪鸲、红翅旋壁雀、刺猬、小麝鼩、豹鼠、复齿鼯鼠

2.3.7.2 植物资源

保护区共有种子植物874种，分属于103科390属，分别占山西省种子植物总科数的73.6%，总属数的60.6%，总种数的52.1%。其中裸子植物3科5属6种，被子植物100科385属868种。保护区内国家重点保护野生植物有南方红豆杉（*Taxus wallichiana* var. *mairei*）、连香树（*Cercidiphyllum japonicum*）2种，蕙兰（*Cymbidium faberi*）、无喙兰（*Holopogon gaudissartii*）、刺五加（*Acanthopanax senticosus*）等7种属第二批讨论稿中列出的种类；山西省重点保护野生植物有匙叶栎（*Quercus spathulata*）、脱皮榆（*Ulmus lamellose*）、山茱萸（*Cornus officinalis*）、青檀（*Pteroceltis tatarinowii*）、异叶榕（*Ficus heteromorpha*）、领春木（*Euptelea pleiospermum*）、竹叶椒（*Zanthoxylum planispinum*）、流苏树（*Chionanthus retusus*）、络石（*Trachelospermum jasminoidea*）、四照花（*Dendrobenthamia japonica*）等27种。国家和省重点保护野生植物名录见表2-3。

表2-3 蟒河保护区重点保护野生植物名录表

级别	名 称
国家重点	南方红豆杉、连香树、刺五加、无喙兰、蕙兰、沼兰、二叶兜被兰、绶草、天麻
省重点	匙叶栎、脱皮榆、青檀、异叶榕、领春木、山胡椒、木姜子、山白树、竹叶椒、漆树、省沽油、泡花树、暖木、四照花、老鸹铃、络石、刺楸、党参、反曲贯众、桔梗、流苏树、膀胱果、软枣猕猴桃、山桐子、山茱萸、蝎实、中条槭

2.3.8 生态旅游资源

蟒河保护区生态旅游资源丰富，全境是山西省中条山国家森林公园的组成部分。保护区境内自然资源风景秀丽，生态旅游、科普宣教资源具有特色。

①蟒河自然景观资源。蟒河保护区生态旅游区地处阳城县东南部，是山西省东南部的主要天然屏

障，是太行山南段的褶起，中条山脉的延伸。区内丛林茂密、层峦叠嶂、名山耸翠、碧峰陡峻、悬谷幽峡、瀑潭棋布、景致奇丽。蟒河之水洞中来，倚山随涧顺沟泻。水质清冷澄澈，甘洌甜美。蟒河借河道而行，悬者为瀑，落者为涧，走者为湍，停者为泓。景致秀丽，为山西高原罕见的一处水景富集区。

②蟒河人文景观资源。蟒河保护区的黄龙庙，是清朝嘉庆年间阳城县令秦维俊为民请命、保护蟒河兰草的纪念地，是早期政府官员保护自然的践行地。区内有形态逼真、维妙维肖的多处溶洞，是当地群众祈求神灵护佑、原生态的纯朴精神寄托的场所。区内的南迩古村落，依山傍水、古树环绕。这些都是具有浓厚历史积淀的人文景观资源。

③蟒河科普宣教资源。蟒河山青水秀，气候宜人，降水充沛，无霜期长，野生动植物品种繁多珍贵。这里有北方极为罕见的南方红豆杉，有列为重点保护植物的领春木、青檀、天麻，有曾为贡品的蕙兰，有大量名贵的药用植物，如享誉全国的"山茱萸"。蟒河的山茱萸果肉厚浓，可观可药。此外还分布着大量珍稀的野生动物，除猕猴外，还有国家级保护动物金钱豹、金雕、红腹锦鸡、勺鸡等。蟒河保护区以标本馆为依托的生态教育基地、珍稀濒危野生植物种质资源圃等均可为生态旅游体验提供支撑。

2.4 社区情况

2.4.1 行政区域

蟒河保护区位于阳城县东南部，保护区面积约占阳城县国土面积的2.89%，范围主要涉及蟒河镇、东冶镇2个乡镇的6个行政村、29个自然庄，即蟒河镇的桑林村、蟒河村、押水村、辉泉村，东冶镇的窑头村、西冶村。保护区大部分位于蟒河镇，包括蟒河村全部，押水村大部分，桑林村和辉泉村小部分，东冶镇的窑头村、西冶村只占较小面积。蟒河镇和东冶镇两个镇政府办公区均不在保护区范围内，蟒河镇政府距离保护区边界20km，东冶镇政府距保护区边界25km。

2.4.2 人口数量与民族组成

保护区范围内总人口为633户1709人，其中实验区内为335户931人，缓冲区内无人居住，核心区内298户778人。保护区内的居民全部为汉族。

核心区内的298户主要居住在押水村的押水、东洼、西坡、李沟、上康凹、下康凹、大天麻、小天麻、前河、川草坪10个自然庄，除押水、大天麻、小天麻外，居住情况比较分散。核心区内的这些自然庄地处偏远，押水村没有划入贫困村，没有居民被列入贫困户，但实际情况是：核心区的居民仅依靠农业种植为生，生活水平均比较低。近年来，青壮劳力均离家外出打工，虽然户口未迁出，但日常生活中每个自然庄只剩余老年人在家靠微薄的农耕收入为生，如西坡日常生活仅有3名老人，大天麻不足20人，小天麻不足10人。许多年轻人仅在每年春节当天回老家看望老人，不出大年初二、三都会离开。统计数字与居民实际居住状况有较大的差别。押水村有80%的居民有搬迁意向，但主要考虑补偿金额问题。蟒河村的洪水、南河自然庄因生态旅游影响，居住人口较多，但许多年轻劳力每年还是外出打工，留下老人和妇女在家耕作，或依靠在旅游公司做零工增加收入。

保护区周边的蟒河镇有桑林村和辉泉村，桑林村共有232户719口人，其中居住在保护区内的有41户89口人，保护区外的有191户630口人。辉泉村共有56户143口人，全部居住在保护区外，仅有地棚底和上辉泉2个自然庄的13户28口人与保护区紧邻,但一般不进入保护区活动。保护区周边的东冶镇有西冶村和窑头村,西冶村有320户893口人,距保护区较远,在小秋收季节,有部分居民进入东黄琊、西黄琊进行采收作业。窑头村的索树腰、黄瓜掌、南沟河自然庄距保护区较近,但仅有8户17口老年人靠农耕为生,对保护区影响较小,日常工作中应加强宣传教育。每年春夏季,常有外来人员通过黄瓜掌往蟒河草坪地活动,应在黄瓜掌设置保护管理点,加强对外来人员的管理和监督。蟒河保护区内人口分布情况见表2-4。

表2-4 蟒河保护区内人口分布情况表

乡镇名称	行政村名	自然村名	区内		核心区		缓冲区		实验区	
			户数	总人口	户数	人口	户数	人口	户数	人口
合计			633	1709	298	778			335	931
蟒河镇	蟒河村	小计	382	1091	88	249			294	842
		洪水	61	172	61	172				
		南河	27	77	27	77				
		朝阳	25	72					25	72
		庙坪	25	70					25	70
		前庄	23	67					23	67
		后庄	32	92					32	92
		秋树沟	33	108					33	108
		东迤	61	157					61	157
		草坪地	14	43					14	43
		南迤	81	233					81	233
	押水村	小计	210	529	210	529				
		押水	39	105	39	105				
		西坡	8	20	8	20				
		东洼	18	53	18	53				
		李沟	15	40	15	40				
		上康凹	24	64	24	64				
		下康凹	20	50	20	50				
		小天麻	23	62	23	62				
		大天麻	43	103	43	103				
		前河	19	30	19	30				
		川草坪	1	2	1	2				
	桑林村	小计	41	89					41	89
		前沟	23	53					23	53
		后沟	18	36					18	36
	辉泉村	小计								
		杨甲								
		麻地沟								
		泉洼								
东冶镇	窑头村	小计								
		丁羊顺								
	西冶村	小计								
		东黄琊								
		西黄琊								
		苇步迤								

2.4.3 交通、通信、电力

保护区内交通较为便利,与外部联系主要公路为桑林至蟒河公路,可连接阳济高速,其境内里程17.5km,为二级标准,路面为柏油和水泥路面;保护区内还有通往河南省的道路2条,分别为蟒河至河南思礼境内里程3km、押水至河南水洪池境内里程3.5km,均为当地居民生产生活的主要设施,路面较窄。

保护区范围内供电方式均为国家电力网供电,基本能够满足保护区目前正常用电的需求。通讯器材为电话,移动通讯基本覆盖全区,基本能够满足现状需要。

2.4.4 社区经济与产业结构

蟒河保护区所涉及行政区域2017年生产总值6547.9万元。其中,第一、第三产业生产总值分别是2983.2万元、3564.7万元,分别占生产总值的45.56%、54.44%;林业总产值为1242.6万元,占生产总值的18.98%。

保护区地方经济发展水平较低,农业主要以种植小麦、玉米、谷子、薯类等为主。区内农民的其他经济来源是外出务工和种植山茱萸。保护区内山茱萸有较大面积的分布,加上人工栽培,年产量达50t,人均收入千元以上。生态旅游为当地村民提供了部分就业岗位,促进了农民增收,改善了农民生活条件。

2.4.5 社区发展

保护区适龄学生上学需到保护区周边乡镇,路途较远,大部分学生需在校寄宿。保护区周边乡镇均有中小学校和幼儿园,师资力量较好,但教学设备不足,缺乏现代化教学设备,实验条件不足。区内部分居民外出打工时,子女随同在打工地读书,部分老年居民随成年子女搬到县城附近安家,部分子女在县城附近上学。

文化方面,保护区周边地区群众业余文化生活较丰富,绝大部分家庭通过"户户通"可收看电视,电视覆盖率达95%以上。

卫生方面,近年来随着农村合作医疗的推广,改善了当地的就医现状,各村均有卫生所,但医疗条件简陋,以乡土中草药为主,或仅能进行简单的打针、输液、外伤包扎,急病难以急治,村民在就医方面存在一定困难。

总之,随着山西省新农村建设的不断深入,农民生活、教育、卫生条件得到很大改善,但保护区内尤其是核心区内的群众日益增长的美好生活需要与现实情况有一定差距,加之保护区的现行管理制度,一定程度上限制了当地群众对资源的扰动,但也给村民生活带来一些不便。

2.5 土地利用情况

2.5.1 土地或资源的权属

保护区总面积5573hm^2,其中林业用地4982.19hm^2,非林业用地590.81hm^2。保护区内的土地、林地分国有和集体两种情况,其中国有林业用地3758.56hm^2,集体林业用地1223.63hm^2。国有林业用地由保护区持有山西省人民政府颁发的林权证为依据，集体林业用地由当地各行政村委会持有阳城县人民政府颁发的林权证为依据，双方四至明确，面积清楚。保护区内的耕地全部为集体所有，当地各行政村委会持有阳城县农业和国土部门颁发的农地经营权证。保护区内的居民住宅用地归当地居民依法使用。

保护区内的集体林地目前由保护区统一代管，保护区采取聘用乡村管理人员的办法，划定责任区进行管护。

2.5.2 土地现状与利用结构

蟒河保护区总面积5573hm^2，森林覆盖率88.29%，林木绿化率89.04%。

耕地面积516.21hm^2，占保护区总面积的9.26%，其中核心区280.38 hm^2，缓冲区8.00 hm^2，实验区227.83 hm^2；

林地面积4982.19hm^2，占总面积的89.40%。国有3758.56hm^2，其中核心区2298.47hm^2，缓冲区327.12hm^2，实验区1132.97hm^2；集体1223.63hm^2，其中核心区791.76hm^2，缓冲区58.19hm^2，实验区373.68hm^2。林地面积中，有林地4920.39hm^2，占林地面积的98.76%；疏林地7.50hm^2，占林地面积的0.15%；灌木林地41.80hm^2，占林地面积的0.84%；未成林造林地4.40hm^2，占林地面积的0.09%；宜林地8.10hm^2，占林地面积的0.16%；

交通运输用地8.12hm^2，占保护区总面积的0.15%，其中核心区2.91hm^2，实验区1.63hm^2。

水域34.50hm^2，占保护区总面积的0.62%，其中核心区18hm^2，实验区16.50hm^2。

住宅用地17.97hm^2，占保护区总面积的0.32%，其中核心区10.70hm^2，实验区10.27hm^2。

公共设施用地0.11hm^2，占保护区总面积的0.002%，其中核心区0.02hm^2，实验区0.09hm^2。

其他用地13.90hm^2，占保护区总面积的0.248%，其中核心区8.27hm^2，缓冲区2.31hm^2，实验区3.32hm^2。

2.6 基础设施现状

蟒河保护区通过一期工程建设，已完成了办公楼建设1074.2m^2。一期工程建设期间，已经修建蟒河管理站200m^2，东山管理站204m^2，树皮沟管理站120m^2，索龙管理站170m^2。架设押水至蟒河输电线路7km，桑林至蟒河通讯线路20km，桑林至蟒河道路维修17.5km。购置办公自动化设备6套，便携式电脑7台，小轿车1辆（已报废），生活用车1辆（已报废），标志门2座，标桩标牌164块，修建管理局机关给排水设施及供热设施各1处。修建瞭望塔1座，微波传输铁塔3座，购置了扑火设备，购置手持对讲机10部。原购置的气象设备、水文设备等均已损坏，不能正常使用。截至2015年，生活用车报废；至2017年，小轿车报废。保护区现使用2013年斯巴鲁合作项目配备的斯巴鲁森林人SUV小汽车1辆。

第 3 章　保护现状及评价

3.1　保护管理现状

3.1.1　上期规划建设内容完成情况

2000—2015总体规划总投资2735.5万元，分三期建设，其中一期917.8万元，二期850.2万元，三期967.5万元，主要建设内容有：

(1)保护工程。建设内容包括东山保护管理站120m^2、索龙保护管理站100m^2、蟒河标本馆及保护管理站1200m^2、动物救护中心200m^2，瞭望塔1座，微波传输铁塔3座，猕猴生态观察站1处，防火宣传车、巡护摩托车及动物救护设备、防火设备、通讯器材、小型气象站及设备等。除动物救护中心，其余项目均已完成。其中建设东山保护管理站204m^2，索龙保护管理站170m^2，增加建设蟒河（南河）保护管理站200m^2，树皮沟保护管理站120m^2。

2008年，蟒河保护区在实验区庙坪初建了南方红豆杉种质资源圃20亩，对南方红豆杉进行近地保护，采收区内南方红豆杉种子和嫩条，采用种子繁殖和扦插繁殖的方法，初步繁育红豆杉种苗2000株，建立了南方红豆杉种质资源圃。

(2)科研监测工程。建设内容包括购置常用仪器设备、电脑，开展本底资源调查，建立固定样地、样线，开展森林防火技术研究，旅游对环境的影响研究等专项研究，加强科研队伍建设。除个别小专项研究外，均已完成。

(3)宣教工程。包括标本馆建设、宣教室建设300m^2、购置宣教设备、开展内部培训宣传、媒体宣传。除宣教室和部分设备未完成，其余全部完成。

(4)基础设施建设。建设内容包括办公楼建设1200m^2，押水至蟒河输电线路7km，桑林至蟒河通讯线路20km，桑林至蟒河道路维修15km，三窑至蟒河防火道路建设10km，办公自动化设备1套，便携式电脑1台，小轿车1辆，生活用车1辆，标志门2座，标桩标牌164块，职工宿舍后勤基地2000m^2，后勤仓库300m^2，给排水设施及供热设施各1处。

除职工宿舍、后勤基地、后勤仓库、三窑至蟒河防火道路建设未完成外，其余项目均完成，其中超额完成自动化办公设备5套，便携式电脑6台。

(5)社区共管工程。建设内容包括动物损害庄稼赔偿，乡村卫视通工程4处，农村文化卫生建设，农村基建及经济发展扶持。完成了农村基建及经济发展扶持，主要为辖区5个村的饮水项目进行补助共建，完成乡村卫视通工程1处，其余均未完成。

(6)生态旅游工程。建设内容包括后大河步道5km，望蟒孤峰——后庄步道2.5km，稀屎圪洞台阶1800阶，水帘洞人行回廊30m，黄龙庙扶廊阶梯200m，望蟒孤峰度假村2000m^2，游船游艇20只，后庄停车场1000m^2，公厕8个，固定垃圾箱60个，卫生车1辆，各类标牌10块，绿化15hm^2。

除望蟒孤峰度假村改为前庄服务宾馆，游船游艇未购置，其余均完成，完成的项目有：固定垃圾箱完成200个，卫生车4辆，各类标牌100块。

（7）多种经营。项目建设包括经济林培育100亩，旅游工艺品加工厂200m^2及设备，食用菌培育2000m^2，蟒河综合服务楼2000m^2及配套设备。多种经营项目中除旅游工艺品加工厂及设备未完成外，其余项目由地方政府主导的旅游公司及当地社区建设完成。

在发展中，蟒河村结合生态旅游的开展在后庄至庙坪建立了近15亩的采摘园，种植了各类时令蔬菜和水果，丰富了生态旅游服务的内容。

（8）其他建设内容。上期总体规划分为三期工程建设项目，除总体规划已纳入的建设内容外，还建设有以下内容：

①管护围栏62km；

②保护区网站。

未实施项目主要受法律法规制约、政策约束和投资不足影响，再加上保护区从注重保护、减少旅游开发项目破坏等方面出发，停止了一些项目的实施。

3.1.2 功能区分区管理现状

按照总体规划的要求，保护区划分为核心区、缓冲区、实验区，其中核心区3397.5hm^2，缓冲区419.2hm^2，实验区1756.3hm^2，保护区界及各功能区之间都埋设有界桩、界碑，在实际管理中，严格区分三个功能区的不同性质分区保护，存在问题是核心区内现在仍有大量居民存在，居民的生产生活受到制约，同时也给自然保护区的保护管理增加了难度和隐患。

3.1.3 组织机构建设现状

保护区管理局组织机构按局-室-站-员四级管理模式进行了配置，共设4个科室：办公室、科研技术室、资源保护室、财务室，4个保护管理站：蟒河、东山、索龙、树皮沟，但是受编制所限，现有在册人员仅15人，科研室下设的监测、研究及宣教机构等均没配备人员，科研业务开展受限，宣教功能不完善。

按照规划及自然保护区发展实际，制定了相应的管理制度，涵盖内部管理、资金运行、项目管理、资源保护、旅游管理等，仅仅能够满足现阶段的发展要求。

3.2 保护管理评价

3.2.1 上期规划完成情况评价

经过15年三期项目的建设，蟒河保护区基本达到了规划建设的总体目标。基础设施建设相对齐全，科研、办公、保护硬件设施基本完成配备。资源保护上，经过不懈努力，有林地面积蓄积增加，森林覆盖率从81.9%提高到88.29%；生物多样性的保护取得明显成效，没有发生大的毁林、偷砍案件，全区没有发生森林火灾，主要保护对象猕猴数量快速增长，由建区初期的150只增加到1273只；建立了资源监测及生态监测体系，对人为活动进行监测，对重点保护动物的活动进行了动态监测，对野生动物的种群数量进行了监测，开展了一期本底资源调查，对全区的资源家底进行了细致统计分析，使保护有了依据和目标，科学研究也稳步推进，发表科研论文及科普文章30余篇；生态旅游经过市场运作初具规模，旅游保持了蟒河的原汁原味原生态，在保护第一的前提下，合理进行了旅游步道、服务设施建设及安全预防建设，体现低碳旅游、生态特色的森林旅游特性；通过十五年的宣传，蟒河保护区成为山西乃至华北较有知名度的国家级自然保护区。

在一期规划的总体目标建设中，仍然存在一定的短板和缺陷。一是社区共建薄弱，自然保护区的建设带动了部分居民群众的富裕，但效果不明显，特别是核心区的农民。二是宣传教育及对外交流欠缺，特别是与高水平、高知名度的目标组织和自然保护区的交流少。三是科学研究有待加强，没有达到预期的发展目标。

3.2.2 自然生态质量评价

蟒河保护区自然生态质量从生物多样性、生境自然性、区位独特性、脆弱性、面积适宜性、科学价值性等方面进行评价。

3.2.2.1 生物多样性评价

由于蟒河保护区内气候适宜，水源丰富，污染极少，光热、土壤条件好，因而动植物资源非常丰富。据统计，本区有种子植物874种，分属于103科390属，占山西省总种数的52.1%。其中裸子植物3科6种；被子植物100科868种，其中双子叶植物90科802种，单子叶植物10科66种；蕨类植物3科6种；苔藓植物共有15科39种，其中苔类5科5种，藓类10科32种及2变种；本区大型真菌资源较丰富，约有32科94种。

蟒河保护区内共有野生动物285种，分属26目69科。其中鸟类有16目43科215种，兽类有7目15科42种，两栖爬行类有3目11科28种，分别占山西省鸟类、兽类、两栖爬行类总数的65.9%、59.2%、84.9%。该区动植物种类繁多、区系成分复杂，其中许多动植物种在山西境内仅分布于该区。

此外，蟒河强烈切割的地形，使之具有明显的小气候特征，其自然地理构造同样具有极高的研究和保护价值，88.29%的森林覆盖率加上奇丽险峻的山势和丰富的水资源，构成了黄土高原一道靓丽的风景线，其山、其水、其韵，在华北地区特色明显，同样具有极高的保护意义。

3.2.2.2 生境自然性评价

自然性是反映生境受人类活动影响的程度。自然性的优劣与否，是进行保护区功能区划的重要依据。整个保护区基本处于自然状态，加上地形陡峻、地貌复杂、植被茂密、交通不便，可进入性差，受到的人为活动干扰较少。区内山峰林立，峭壁断崖，地理环境特殊，地质历史悠久，地形复杂，保存有大片的栎类天然次生林，生态系统多样性至今仍保存完好，生态演替良好，生态功能较为健全。

3.2.2.3 区位独特性评价

蟒河保护区地处暖温带落叶阔叶林的边缘地带，区位特性明显，其植物区系除具有种类繁多、珍稀植物丰富的特点外，南北渗透现象非常明显，许多亚热带区系植物在此繁衍生长。如南方红豆杉、竹叶椒、异叶榕、山胡椒、八角枫、漆树、络石、省沽油、四照花等，地带性成分与过渡性成分在蟒河区系中都有较明显的表现，反映了该区具有暖温带与亚热带的渗透性、交错性、复杂性的性质，体现了强烈的过渡性，即许多种类的分布至此已达其分布范围的边缘。

3.2.2.4 脆弱性评价

蟒河植物区系强烈的过渡性影响着该区系的现状与发展，使其具有一定的脆弱性。许多植物种尤其是亚热带成分的分布常局限于山体的某一部分或某一沟内。如南方红豆杉，在此只局限于海拔400~800m的峡谷之中，虽也长势良好，但不是优势树种，不能形成稳定的群落。蕙兰在该区的分布面积较小，生长在驴王山顶和后大河、东西崖的沟谷中。许多植物种不仅分布局限，而且数量极少，说明这些物种至此已达其自然地理分布的最北限或最南端，极易在此灭绝，亟待加强保护。

3.2.2.5 面积适宜性评价

保护区总面积5573hm^2，能够实现资源良好保护。核心区面积3397.5hm^2，核心区山高灌密，人烟稀少，地形复杂，生境多样，是野生动物栖息繁衍的主要区域，也是整个保护区的中心地带，占总面积61%。不仅野生猕猴主要活动在这个区域内，而且也生长着集中、连片的栎类、油松次生林，由于采取了一系列保护措施，该区域生境保存完好，未遭受人为破坏。边界以山脊线、分水岭等地貌景观的分界线划分，有效隔离了外来干扰对保护区的影响。保护区内分布均匀、生长良好的天然次生林可满足多种多样的动植物物种的生境，相互联通、易于扩展，为生态保护提供了空间和介质。

3.2.2.6 科学价值性评价

保护区地处太行、太岳、王屋、中条四山交汇处，地貌由中山、峡谷等多种类型组成，与之相对应的，形成了明显的植被垂直带谱，并分布有国家一级保护动物金钱豹、金雕和黑鹳等。保护区以其独特的自然地理条件、丰富的生物多样性受到了山西省政府、野生动植物保护专家学者的广泛关注。保护区的建立，对保护森林生态系统和生物多样性，改善区域生态条件以及开展科学研究、教学实习等都具有极其重要的科学价值。同时，保护区的建设与发展将对当地的经济发展起带动和促进作用，随着保护区条件的改善，知名度的提高，与国内外交流机会的增多，也将有力促进区域经济、社会的协调发展。

3.2.3 保护区管理水平评价

蟒河保护区建区30多年来，在资源保护、巡护管理、森林防火、科学研究、社区共建、可持续发展方面都设立了组织机构，在管理方面，具有较精干的组织机构和经验丰富的管理人员和工作人员。

3.2.3.1 建立了比较完善的制度管理体系

按照"保护优先，科研为基，宣教为重，可持续发展为要"的工作思路，保护区制定了资源保护、科研工作、宣教培训、内部管理、森林防火、安全生产等20多个方面的管理制度，制定了各科室室主任、会计、出纳、资产管理、档案管理等10多个岗位责任制，对基层各保护管理站制定了考勤登记、野外巡护、值班记录、学习记录等登记制度，对每项制度都落实到具体层面，严格监督考核，确保执行到位。

保护区成立了森林防火领导组、安全综治工作领导组、有害生物防治工作领导组、疫源疫病防控领导组，组建了灭火队，与周边乡、村、林场成立了联合保护委员会，签订了《资源保护协议书》，对各保护管理站划清了管辖区，对各管理站工作人员划定了责任区，签订了《资源保护责任状》，把每个管护员的分片包干范围落实到山头地块，形成了区、站、乡、村纵横交错，局、室、站、员齐抓共管，横向到边、纵向到底的资源保护网络。

3.2.3.2 基础设施建设初具规模

按照优先保证工作、保证生活的原则，蟒河保护区管理局在国家财政的大力支持下，通过自然保护区一、二、三期工程的建设实施，保护区的保护事业从无到有，全面改变了建区前的落后面貌，逐步完善了管理局、管理站基础设施，购置了保护设施设备，为有效行使保护职能、促进科学研究和科普教育提供了基础条件。主要完成了科研办公楼，蟒河、东山、索龙、树皮沟保护管理站，天麻岭瞭望塔，三盘岭、苇园岭、豹榆树3个微波传输铁塔，建立了猴山猕猴观测站，购置了保护科研设施设备。各项工程的建设为保护区的管理、保护、科研等工作的开展提供了基础条件，促进了保护事业的发展。

3.2.3.3 保护工作初见成效

各项工程建设使蟒河保护区的资源保护、科研工作、社会宣传等能力有了明显的提高。

(1) 自然资源得到有效保护。蟒河保护区处于山西与河南两省界处，地处偏远，管理难度大，保护管理站的建立增强了保护实施能力，通过积极加强巡护，有效地制止了偷砍滥伐林木和非法猎捕野生动物行为，取得了建区以来未发生森林火灾的好成绩，国家重点保护动物猕猴、红腹锦鸡、勺鸡等种群数量明显增长，森林覆盖率大大增加。

(2) 科研工作迈开了新步伐。蟒河保护区先后在《四川动物》《山西林业科技》《太原师范学院学报》等刊物上发表论文20余篇，在《野生动物》《大自然》等科普杂志上发表文章数篇，逐步开展了区内自然环境、自然资源的本底状况调查，为保护、发展和合理利用自然资源提供了可靠的科学依据。

(3) 社会宣传进一步扩大。蟒河保护区已成为青少年教育基地和爱国主义教育基地。先后有山西大学、山西农业大学、山西师范大学等高等院校把保护区作为科研教学基地。

(4) 职工办公生活条件大大改善。保护区管理局迁入阳城县城，盖起科研办公大楼，职工子女也有了较好的入学环境，较好地解决了职工的后顾之忧。

3.2.4 保护区经济评价

保护区人员编制少，经费来源单一。保护区地处偏僻地带，社区经济落后，管理工作量大，工作难度大，从事管护与科研工作需要大量经费及必要的设施设备。目前，保护区的资金来源，主要有事业单位财政预算经费、天保工程资金、生态公益林补偿等，仅能维持保护区日常管理工作，无财力进行提高管护水平建设，项目的建设资金必需依靠上级投资，很大程度上由于资金的短缺而延滞了保护区的发展。为促进保护区各项工作的顺利开展和保护事业的健康发展，今后在努力争取上级对保护区项目建设投资的同时，应积极、合理、有效地支持社区经济发展项目，加大特色种养殖对生态保护的反哺力度，以缓解矛盾、增强保护区自身的发展后劲。

3.3 存在问题及对策

3.3.1 存在的主要问题

保护区建立以来，做了大量工作，并取得一定的成绩，但和所肩负的任务及当前的生态文明建设的要求相比，还存在以下方面的问题：

3.3.1.1 野生猕猴种群保护需要进一步科学化

蟒河是以保护猕猴为主的自然保护区，建区30多年对区内猕猴的种群数量保护、恢复、增长、生活习性的观察均做了大量的工作。

1983年建区伊始，经初步调查，区内猕猴共有7个野生种群约150只，每个种群的个体数量不大，多的种群40余只，少的只有10余只。当时，全国的外贸部门大量组织收购并出口，外贸需求的刺激，激发了当地群众猎捕野生动物的积极性，蟒河区域内猎捕猕猴的情况较多，造成了猕猴种群数量的减少。同时，在食物缺乏时，猕猴有时下山糟蹋庄稼，引起群众的反击性捕杀，导致蟒河猕猴资源遭到极大的破坏。同时，由于金钱豹等天敌数量较多，对猕猴的侵害比较严重。

人工干扰和种群数量小，导致猕猴资源增长缓慢，若不进行人工救护，可能导致猕猴分布区域的紧缩、种群数量减少。为了增加其种群数量，1988年，蟒河保护区组织10余名有经验的技术人员和当地村民，在猴山区域开展了猕猴的投食招引工作，对猴山仅有的28只猕猴采用跟踪投食、和谐相处、唱山歌沟通等措施，使猕猴逐渐感受到招引人员的友好行为，并逐渐接受了人工部分投食。直至2004年，在长期接触的10余年时间里，猕猴仅是听到山歌召唤后，下山捡拾人工补给的投食，取到食物后就顺山崖攀爬离去。在2005年猴山猕猴观测站建立后，投食有了较为固定的场所，猕猴到猴山取食的次数增多，直到2010年，猴群仍与人保持较大的距离，只是在近6、7年的时间里，猴山的猕猴才有了与人近距离的接触，部分猕猴可以在人周围抢食，但抢食后会迅速躲避离开，寻找安全地带食用。

通过30多年的有效保护，在2018年的猕猴资源监测中，调查到猕猴种群7群1273只，其中野生种群6群约900余只，猴山的猕猴群约320只。猴山的猕猴由于靠近村庄活动，秋季有时进入居民地中抢蔬菜，冬季食物缺乏时扒树皮取食，食物不足时会闯入农户抢食，直接影响到社区居民的正常生活，造成了居民与保护区的矛盾。

蟒河保护区在对猴山的猕猴种群监测发现，2016年，新出生猕猴35只，2017年达48只，2018年达到56只。按照猕猴种群增长速度，猴山建区时的28只猕猴经30多年时间，种群数量应该达到600余只，但现存种群仅320只。究其原因：一是猴山的猕猴种群还处于野化状态，人工干预仅限于食物补给，种群还处一个增长型的时间段；二是种群数量增加后，公猴有"溢出"现象，每年"溢出"的公猴均可组成纯公猴群体离群，经过自然生长后，可以到猴山种群或其他6群中争夺王位，或到临近的河南境内自立组群。

但是，在长期的保护与实践中，保护区已注意到类似四川峨眉山、河南五龙口等区域，长期的招引和饲养中出现的猕猴行为习性的改变，也对灵长类的模仿行为和生活方式进行了一些研究。借鉴猕猴招引的经验教训，蟒河保护区将坚持野生种群自然增长的原则，对猴山的猕猴种群仅在食物极度匮乏的季节进行控制食量的补给，对该群猕猴进入村庄抢食的行为进行人为控制性的"遣散"，通过强迫性的阻拦，使猕猴种群的活动逐步向山上林间转移，对投食补给的依赖程度逐渐减轻，直至能够完全脱离投食，达到回归自然、自行繁衍生息的状态。同时，进行猕猴栖息地改造，以规避种群增加可能导致的栖息地的争夺，使猕猴有一个良好的栖息环境，利于种群自然繁衍增长。力争通过3~5年的时间，每年减少投食量、减轻对群众的破坏程度，建立人工投食退出机制，防止猕猴种群因人工干扰而无序增长，导致猕猴种群真实的自然演替规律被掩盖，使猕猴种群的保护更加科学化、合理化。

3.3.1.2　野生动物救护与肇事赔偿缺乏保障

蟒河保护区内社区居民常常受到野猪、猕猴和金钱豹对庄稼、牲畜的侵害，野生动物的破坏对群众的生产生活造成了影响。

蟒河保护区内押水村的群众常常受到野猪对庄稼的侵害。押水村有201户529口人，共耕种土地107hm^2，每户平均耕种土地8亩。每年夏秋之交，野猪出没，群众种植的谷子、玉米等，常常在一夜之间就被野猪拱翻一遍，导致粮食减产、有的地块甚至绝收，每亩地损失都在600~800元，全体村民每年的损失都要达到10万元左右，家家户户对野猪的侵害达到了愤怒的程度，群众常常在村头、路口拦住保护区工作人员讨要说法。虽然保护区工作人员也向群众宣传野生动物肇事由地方政府办理补偿，但群众在寻求地方政府帮助解决时，地方政府苦于没有专项的资金而无法解决，导致问题在政府有关部门和保护区管理局之间推诿，没有好的解决办法。

蟒河保护区蟒河村的群众常常受到猕猴的侵害。秋季粮食丰收时，猕猴常常成群结队或家庭式地进入群众的菜地、农田，啃食蔬菜、庄稼，多数时候是吃一半、扔一半，比《西游记》中孙悟空的抢食行为有过之而无不及。有的猕猴甚至上房揭瓦，破坏居民房屋。2017年1户村民的房屋被揭瓦多次，该村民光整修屋顶就花费上万元；2018 年 5 户村民房屋遭到猕猴破坏，村民多次到保护区反映情况，至今仍未得到有效解决。蟒河村群众的损失平均每年达到 2~3 万余元。

据近年调查和红外相机监测，区内栖息、活动的金钱豹个体有 3 只。蟒河保护区内群众饲养的 24 头耕牛和 5 群 600 余只羊，也常受到金钱豹的侵害。2015 年，辉泉一村民在树皮沟圈养的 2 头牛被金钱豹咬死，这些牛的市场价达到 1.5 万元；2016 年，村民亲眼看到 1 只金钱豹进入南河自然庄咬死羊圈内的 12 只羊，这些羊的总价值达近 3 万元；放牧人员常常能感觉到羊的只数减少，蟒河一牧工仅 2017 年 4 月就被金钱豹捕猎 4 只羊，损失近万元。

野猪、猕猴、金钱豹等对区内居民的家畜、房屋、庄稼造成的损害，至今没有合理的补偿办法，且缺乏经费保障，保护区常常面临两难境地，既鼓励群众爱护、救护野生动物，又无力救助，更无资金对涌现出来的野生动物保护先进事迹进行奖励，因此应当设立专项资金对野生动物救护与肇事赔偿给予充分支持。

3.3.1.3　核心区内人为扰动问题需逐步解决

目前居住于核心区内的押水、蟒河两村共有村民 298 户 778 人，由于社区大多居民零散分布于野生动植物分布区，对珍稀野生动物及其栖息地造成一定干扰，人与野生动物争夺栖息地的矛盾比较突出，迫不得已的情况下保护区在核心区人口聚集地设立了东山、蟒河两处保护管理站针对性地开展保护管理工作，却不能彻底解决矛盾，核心区居民外迁工作势在必行。但是由于经济、社会条件的限制，社区居民中的中青年大部分外出打工，留守的老年人文化水平较低，致使他们不能很好地了解保护法规和保护知识，同时也很难掌握先进的生产技术和致富信息，动员他们迁出需要做大量的思想工作，也需要大笔的补偿资金，这就增加了保护管理工作的难度，也制约了保护区的发展。所以保护区必须紧密结合当地地方经济社会发展规划，妥善解决核心区居民搬迁问题，尽快制定出合理的解决方案，待核心区内村民全部外迁后，即可切断道路、恢复自然生态。

同时，由于核心区原住民的影响，区内的从花园沟通往蟒河的道路对动物的生存栖息环境造成隔离，应在适当的区域和兽道区建立动物通道，以扩大动物的迁移活动区域，保护动物的生存环境。

3.3.1.4　珍稀濒危、极小种群野生物种保护工作开展得不够深入

对处于亚热带和暖温带过渡地带的珍稀、濒危植物的专项调查、就地保护等还很不够。对于国家、省重点保护野生动物的专项调查和保护措施还做得不够深入。对于林业有害生物、陆生野生动物疫源疫病监测的科学化水平还有待进一步提高。由于缺乏资金，固定样地、样线的监测还不到位。由于保护区编制少，很多岗位均是一人多职，专业技术人员缺乏，造成了技术断层。一些调查只好委托有资质的调查单位来进行，但保护区必须有人清楚家底，有些需要现地对比的资料只有多次参加此项工作、熟悉情况的人才能做到，才能保证所有现地搜集到的资料不遗漏，保证资料纵向联系的连续性、可比性。同样专项调查也需要有专人来做，并要建立本底资源专档、样地调查、样线调查专档，并将以前所有专项调查监测资料录入电脑，建立电子档案，便于数据分析，适应调查监测工作需要。

3.3.1.5　科研宣教水平还有待提高

科研宣教场所不足。保护区现有的标本馆，仅有少量的动植物标本展示，宣教产品、方式单一，缺少与宣教对象的互动和体验式宣教。特别是科研成果展示、科研活动体验等与新技术发展水平存在较大差距，自然保护区建设的重要性和特殊性体验较差，宣教对象仅限于当地中小学生，受众群体范围狭窄，急需提高科研宣教的社会影响力。

3.3.1.6　社区共管经费不足、帮扶形式少

社区共管的经费来源少，仅依靠一些简单的技术培训，不能满足社区群众急需改善的基础设施和

产业技术扶持要求。

3.3.1.7 基础设施建设有待深化

保护区成立以来，不断加强基础设施建设，但由于缺乏维修、维护资金，部分标识陈旧、老化、损坏、丢失，失去了应有的示意、指示、识别、警示作用。保护区管理站房屋建设年代较长，现有的4个保护管理站均位于山沟，秋冬季节日照时间短，风大、阴冷、潮湿，需进行外观和内部维护更新。管护员使用的手持 GPS 定位巡护器、保护管理站摄像头、防火设施设备等使用运行过程中难以避免地受到损坏，需要进行定期更换与维护。

3.3.1.8 智慧保护区建设滞后

受复杂的地理条件和有限的调查技术手段制约，保护区对于新技术的运用比较迟滞，野外巡护收集的资料无法有效统计和分析，资源监测虽然有固定样线的频次规定，但工作完成情况难以做到规范、准确。由于尚未建立数字化信息管理系统，繁多的数据只能用手工统计分析，人工分析野外调查数据时，随着工作时间的延长，出错率明显增加，多数情况下就调查而调查，对结果缺乏系统统计分析，不能通过分析数据有效指导保护工作实践。保护区对现存的许多物种未开展过系统的研究和监测，随着保护区周边社会经济的迅猛发展，人为活动对自然资源的干扰日趋多样，智能化建设及新技术运用急需提升。

3.3.2 对　策

3.3.2.1 加强保护管理工作，推进法制化建设进程

依据国家有关法律、法规，制定适用于蟒河保护区的管理办法，同时，根据自然保护区的有关法律法规和保护区状况，进一步修改和完善内部管理制度。

结合保护区现实工作需要，制定人员培训和更新计划，采取集中办培训班、委托培训等方式，提升保护区队伍的整体素质。同时，针对保护区的人才结构，有计划地引进高级人才和紧缺专业人才，对专业、学历等要素进行合理配置。

3.2.2.2 加强基础科学研究，完善科研监测体系建设

认真开展基础科学和应用科学研究，同时进行社区经济方面的研究，不断积累数据，建立平台，让蟒河保护区依法成为高效的研究基地，为国家、人类的保护事业做出贡献。按照自然保护区综合科学考察的要求，规划后期对保护区再次进行综合科学考察，重点开展专项调查和监测，进一步查清保护区的自然资源和生物资源状况，为更好地管理服务。

持续推进保护区的科学化、标准化、规范化建设，积极引入北斗 COMPASS、遥感 RS、红外相机网络化监测等先进技术，进一步提升保护区的管理能力，为山西省自然保护区建设起到引领作用。

3.2.2.3 创新宣传教育方式，加大宣传教育力度

通过增加和完善宣传教育设施，在宣传方式上制定切实可行的宣传计划，结合具体的保护管理项目，有针对性地开展宣传活动，提高宣传效果。坚持开展以生态保护为主要内容的宣传教育，增强社区和社会的法制观念。与森林公安通力协作、密切配合，经常开展法制教育和警示教育，提高森林公安执法水平，增强保护区工作人员依法行政能力，提高保护区公众宣传教育的效果。

3.2.2.4 探索社区共管机制，促进人与自然和谐发展

社区共管共建是有效保护资源的管理模式，可以最大限度地化解保护和发展的矛盾，调动社区群众的积极性，共同参与保护管理，实现保护与发展的统一。积极争取资金，解决野生动物肇事补偿问题，扶持社区公益事业发展，与社区联合成立保护管理委员会，使保护区从繁杂的事务性工作中解脱

出来，能够集中精力做好资源管理和基础研究。积极探索人与自然和谐相处的模式，倡导社区发展有机种植、蜜蜂养殖业，在区域扶贫工作中做出保护区的特色。

3.2.2.5 积极引进运用新技术，推进智慧保护区建设

克服人员不足和技术手段落后的困难，建立完成管理局内部办公系统，并建立智慧管护、智慧科研、智慧宣教、智慧社区等为主要模块的智慧保护区系统。通过防火视频监控、林下传感数据、气象数据、巡护数据的分析和处理，降低人力成本，提高保护管理实施能力。

第4章 基本思路

4.1 指导思想

认真贯彻"全面保护自然环境，积极开展科学研究"和"保护优先、规范利用、严格监管"的方针，力争开展"一区一法"法制建设工作，坚持依法保护和治理生态环境，依靠科学技术，提高管理水平，重点侧重于保护区的生物多样性保护和科研监测建设，加强生态文明教育，保护保护区的生物多样性、森林生态系统的完整性、野生动植物资源的自然性及其丰富多样的自然资源和景观。充分发挥自然保护区的多功能效益，通过保护、科研、培育、繁衍等手段，合理规范利用自然资源，建成集保护、科研、监测、公众教育、生态旅游、智能化管理于一体，设施完善、设备先进、科技发达、管理高效、功能齐全、可持续发展的国内领先的国家级自然保护区。

4.2 基本原则

4.2.1 保护优先原则

正确处理自然保护与发展、利用之间的关系，以保护自然环境和自然资源为基础，在有利于保护珍稀濒危野生动植物物种和栎类天然次生林、有利于保护生态系统完整性、有利于科学研究的前提下，充分发挥保护区的多功能效益。通过保护与发展相结合，实现自然生态系统的良性循环。一切工程建设均需在保护野生动植物生存、分布环境和典型自然景观不被破坏的前提下才能实施。

4.2.2 合理性原则

核心区、缓冲区尽可能维持最丰富的生物多样性，保护好原始天然林和珍稀濒危野生动植物，保证自然生态系统内各种生物物种的正常生长与繁衍；实验区应既保障保护对象不易受人为干扰，又有利于保护对象的保护管理、科学研究、物种资源保存，同时还要有利于发挥示范功能。实验区的划分应以保护为前提，留出实验实习合理利用地，合理规划保护区及其周边社区经济的发展。

4.2.3 完整性及适度性原则

充分考虑生态系统完整，考虑野生动植物个体生存、物种繁衍和生态平衡等方面的需要。保护区域应具有整体性和连续性，力求规整，实现自然资源的有效保护。

既要结合保护对象和保护目的，防止周围地带对保护区建设的干扰，又要考虑社区经济发展和群众生产活动及可持续发展，使区内资源和环境得到有机统一、协调发展。

4.2.4 可操作性原则

自然保护区界线、功能区界线原则上以山脊、河流、山沟和道路等自然界线为分界线并结合行政区划，使功能区的区划有利于资源的有效保护、管理和各种不利因素的控制，有利于各种措施的落实和各项活动的组织，从而促进保护区多功能、多效益的有效发挥。规划项目结合保护区建设实际，尽量提高实施和可操作性，避免项目建设不能落地。

4.3 规划目标

4.3.1 前期目标

前期为2019—2023年，根据保护区当前面临的主要问题及保护优先性原则，本着从实际出发，前期着重生物多样性保护、科研监测、公众教育等工程及配套设施建设，计划用5年左右时间，完善基础设施建设和保护管理体系，形成适度规模的生态文明科教基地。具体目标为：

(1)强化保护管理措施，完善保护区基础设施建设。强化保护措施，完成保护区管理站的维修、巡护道路的维护，建立野生动物管理与肇事补偿基金；健全森林防火专业队伍、完善相应的设施与设备；完善瞭望塔、微波防火系统、视频前端的安装和更新维护，建成完整的防护体系。

(2)加大科研监测力度，科学有序地开展科研监测工作。充实科研队伍，提高科研人员技术水平，通过"引进来、派出去"的方式，加强与科研院所等单位的合作，提高科研水平，进一步加强基础研究及生态系统动态监测体系建设。开展资源和环境监测、有害生物和疫源病监测、无人机监测系统，完善科研检测基础设施建设。

(3)扩大保护区对外影响，加强公众教育。加强智慧保护区建设，建立保护区网站、微信平台、手机APP、触摸查询一体机、宣传标语与版面等，开展专项培训，通过传统与现代相结合的宣传手段，对社区居民进行保护公众教育，提高区域范围内的保护意识，努力建成集生物多样性保护、科普宣教、教学实习、生态旅游为一体的多功能科普宣教示范基地。

4.3.2 后期目标

后期为2024—2028年，将进一步完善基础设施，完善局-室-站-点四级管理机构，重点布局管理点建设，形成机构完善、布局合理的管理体系；加强科技支撑体系建设，完善信息管理系统和监测系统；加大社区共管力度，搞好社区建设和生产经营，增加群众收入，改善社区居民生活，繁荣社区经济，增强全民参与意识，共同保护好自然资源与自然环境。至2028年规划期末，保护区要建设成为一个保护目标明确，资源本底清楚，管护设施完备，管理队伍专业，管理制度健全，规划科学合理，社区协调发展，资源管护、科学研究、环境教育等功能得到充分发挥，保护成效显著的国家级自然保护区。

4.4 总体布局

4.4.1 布局原则

4.4.1.1 与上期总体规划相衔接原则

本期规划与2000年编制的总体规划相衔接，与保护区一、二、三期建设项目相衔接，分析研究未完成项目原因，规范实施符合保护区实际的项目，避免重复建设、资金浪费、资产闲置。

4.4.1.2 与功能区分区相适应原则

严格遵循《中华人民共和国自然保护区条例》《森林和野生动物类型自然保护区办法》相关规定，根据保护区的类型、性质、保护对象、功能区划分以及保护区总体发展战略与目标的要求，在核心区和缓冲区两个功能区不安排任何建设项目；在实验区不安排可能破坏自然资源及生态环境的建设项目，保护区重点建设内容和生产经营活动均安排在此区域。

4.4.1.3 保护与发展相协调原则

本期规划在充分考虑资源、环境、社区、保护区实际等因素的基础上，与当前生态文明建设的要求相结合，把"绿水青山就是金山银山""人与自然和谐共生"放在突出位置，使规划具有较高的科学性和前瞻性。对于区内的资源和环境，要在保护优先的前提下，不影响其社会经济发展的功能，在现阶段协调好保护与发展之间的关系，统筹考虑当前与长远、局部与整体、重点与一般等，随着时间的推移，结合保护区建设的实际情况予以修正。

4.4.2 功能区划

本期规划的功能区划延续上期总体规划的功能区划，对保护区的界线的设定未做调整。保护区总面积5573.00hm^2，其中核心区面积3397.50hm^2，占全区总面积的60.96%，缓冲区面积419.20hm^2，占全区总面积的7.52%，实验区面积1756.30hm^2，占全区总面积的31.52%。

4.4.2.1 核心区布局

核心区的主要作用是保护区内的自然生态系统和物种在不受人为活动干扰下演替和繁衍，保证核心区的地域完整和物种安全。核心区只供科研人员观测研究，禁止任何新的设施建设，禁止任何人进入自然保护区的核心区。因科学研究的需要，必须进入核心区从事科学研究观测、调查活动的，应当事先向自然保护区管理机构提交申请和活动计划，并经自然保护区管理机构批准；其中，进入国家级自然保护区核心区的，应当经省、自治区、直辖市人民政府有关自然保护区行政主管部门批准。自然保护区内保存完好的天然状态的生态系统以及珍稀、濒危动植物的集中分布地，应当划为核心区，禁止任何单位和个人进入。自然保护区核心区内原有居民确有必要迁出的，由自然保护区所在地的地方人民政府予以妥善安置。

核心区位于保护区的南面，总面积3397.5hm^2，占总面积61%。核心区山高林密，地形复杂，生境多样，是野生动物栖息繁殖的主要区域，也是整个保护区的中心地带。不仅猕猴主要在这个区域内活动，而且也生长着集中、连片的栎类、油松次生林，由于采取了一系列保护措施，该区域生境保存完好，基本未遭受人为破坏。保护区与河南焦作太行山猕猴国家级自然保护区（东至香椿沟、西至邵源）相接壤。二者以省界为界，靠近省界部分双方均为核心区，故蟒河保护区在其核心区的南部未区划缓冲区。

核心区从簸箕掌东大岭1164m高程点→1155m高程点→东崖河心→后小河断崖→后河背崖顶→录化顶东1005m高程点→洪水崖→南河河心→羊圈沟后岭→西捉驴驮北1000m高程点→拐庄→垛沟→白龙洞→豹榆树970m高程点→小南岭1000m高程点→省界770m高程点→黄龙地省界815m高程点→东捉驴驮1035m高程点→省界接官亭西北梁顶1100m高程点→省界川草坪北1025m高程点→省界胡板岭1360m高程点→崔家庄南岭→指柱山1572.6m高程点→花园坪→花园岭大岭→簸箕掌东大岭1164m高程点，环绕一周。

规划后期结合核心区居民分批外迁的实施，将东山保护管理站一并迁出至花园岭外。对于蟒河保护管理站，因其特殊性，为遏制两省交界处偷砍滥伐、盗捕盗猎的违法行为，建议暂时保留。

4.4.2.2 缓冲区布局

核心区外围可以划定一定面积的缓冲区，只准进入从事科学研究观测活动。禁止在自然保护区的缓冲区开展旅游和生产经营活动。因教学科研的目的，需要进入自然保护区的缓冲区从事非破坏性的科学研究、教学实习和标本采集活动的，应当事先向自然保护区管理机构提交申请和活动计划，经自然保护区管理机构批准。工程建设中除巡护巡查、科研监测工程外，不设立其他工程。

缓冲区分布在核心区与实验区之间，对核心区起到保护和缓冲作用，保护区缓冲区地势多以悬崖峭壁为主，形成一道天然屏障。缓冲区总面积为419.2hm^2，占保护区总面积的7.5%。自树皮沟南岭与花园岭大梁交接点→苇园岭→犁面厂岭→前河河心→后大河南崖→后河背崖底→前庄山根→羊圈沟后山→南迍后崖根→窟窿山后崖→铡刀缝河→丁羊顺沟东岭→下土井岭965m高程点→白龙洞→垛沟→拐庄西捉驴驮北1000m高程点→羊圈沟后岭→南河河心→洪水崖→录化顶东1005m高程点→后河背崖顶→后小河断崖→东崖河心→1155m高程点→簸箕掌东大岭1164m高程点→树皮沟南岭与花园岭大梁交接点。

4.4.2.3 实验区布局

缓冲区外围划为实验区，实验区以改善自然生态环境和合理利用自然资源、人文景观资源为目的，可以进入从事科学试验、教学实习、参观考察以及驯化、繁殖珍稀、濒危野生动植物等活动。工程建设主要包括建设保护工程、科研监测工程、公众教育工程以及生态旅游配套工程等，但工程建设和生产生活不得破坏自然资源和自然环境，不得影响自然环境的整体性和协调性，不得危害野生动植物的生长繁衍，不得产生环境污染。

实验区位于保护区的北面，面积1756.30hm^2，占全区总面积的31.52%。实验区整体呈西北向东南走向，自树皮沟梁1123m高程点→沿岭至老正圪堆岭→东黄琅岭→独龙窝→顺头南岭→三盘山→1087m高程点→上黄瓜掌→南沟河西岭→下土井岭965m高程点→丁羊顺沟东岭→铡刀缝河→窟窿山后崖→南迍后崖根→羊圈沟后山→前庄山根→后河背崖底→后大河南崖→前河河心→犁面厂岭→苇园岭→树皮沟南岭与花园岭大梁交接点→树皮沟梁1123m高程点。

4.4.3 建设布局

（1）保护管理工程布局。保护管理规划的保护管理点、珍稀植物种质资源圃等基础设施建设在保护区的实验区，配备的巡护、扑火设备，在保护区管理局和各保护管理站进行建设布局。

（2）科研监测工程布局。固定样地样线、开展资源和环境监测布局在保护区全区范围内，科研中心布局在保护区管理局机关、阳城县城内（位于保护区外）。

（3）公众教育工程布局。生态文明科普宣教基地、科普小径布局在保护区实验区。

（4）可持续发展项目布局。生态移民工程布局在保护区核心区，将核心区内的社区居民移出。其他项目均布局在保护区实验区内。

（5）基础设施建设布局。综合科研办公楼布局在阳城县城，新建东山保护管理站布局在保护区外，管理站的改造布局在各管理站内，给排水、供电、通讯等布局在保护区管理局和各保护管理站内。

（6）智慧保护区布局。智慧保护区管理中心布局在保护区管理局内，其他设施设备配备在管理局和各保护管理站，以及确定的监测点位。

第 5 章 主要建设内容

5.1 保护管理规划

5.1.1 保护的原则、目标和措施

5.1.1.1 保护原则

(1) 依法保护。认真贯彻国家有关保护自然资源的法律、法规及相关方针政策，以及地方政府的有关规定，系统地对区内的自然资源、生物资源、景观资源实行全面严格的保护。

(2) 保护优先。对重点保护野生植物采取有效保护措施，实施就地保护、近地保护和回归保护相结合。重点保护野生动物栖息地，保护野生物种种群的发展。

(3) 分类保护。遵循分区保护、区别对待、分类实施的原则，对核心区和缓冲区实施重点保护，对实验区加强保护。

(4) 注重科技应用。以科技为先导，应用智能化管理手段，提高自然保护区的科技含量。

(5) 可持续发展。保护工程要与保护区已建工程紧密结合起来，不搞重复建设，不浪费资金。同时利用当地资源优势，适当开展非破坏性合理利用和规范利用，达到保护与利用协调发展的目的。

5.1.1.2 保护目标

规划通过采取形式多样的保护措施，最大限度地保护好保护区内的自然环境、自然资源和自然景观，使其免遭破坏和污染，维护区域森林生态系统的稳定性和整体性，保护野生动植物的遗传多样性，其具体目标为：

(1) 对森林生态系统、珍稀濒危野生动植物种及其生境进行全面保护，使保护工程进入良性循环。

(2) 加强森林防火体系建设，建立林火预测、预报系统，预防林火发生，降低森林火灾发生率。同时做好林业有害生物预测预报，减少病虫害的发生面积。

(3) 以保护工程为重点，以加快保护区基础设施建设为突破口，加强制度建设和执法力度，促进野生动植物保护事业的健康发展，实现野生动植物资源的良性循环和永续利用。

(4) 探索保护与利用协调发展的有效途径，为科学地管理自然、保护自然、实施可持续发展战略提供样板，最终达到和实现人与自然和谐相处的目的。

5.1.1.3 保护措施

(1) 进一步健全保护管理机构，明确机构的职能与责任，提高管护功效；

(2) 明确保护区界，完善功能区划，实行分片管理，加强巡护；

(3) 加强资源保护宣传，调动社区群众参与自然保护的积极性，社区参与共管、联保联防；

(4) 建立完善各项规章制度，保证管护工作的正常有序开展。建立完善管护员、检查哨卡人员汇报制度，建立完善入区管理制度，建立森林资源管理制度，做到有章可循，按章办事；

(5)建立年度资源管理、林政执法、森林防火、安全生产工作检查制度；

(6)依托森林公安执法机构，打防结合，依法行政、依法保护；

(7)建立健全森林防火组织机构，组织专业人员与群众相结合的防火队伍。建立并实施一系列防火措施，加强火源管理，严格用火审批，实施火险区域管理；

(8)改善基层站、点的工作和生活条件，引进先进的技术设备，提高管护水平；

(9)加强岗位培训，举办培训班，参加学术交流；

(10)制定相关管理计划，做到管理有方。

5.1.2 保护管理体系建设

5.1.2.1 保护管理点建设

蟒河保护区的北部和东北部，是保护区的实验区，在花园岭通往三盘山、豹榆树地段，是金钱豹、豹猫、赤狐等活动的生态通道，也是红腹锦鸡活动的扩散区，该区域人员活动较为频繁。西治和黄瓜掌两处是进入保护区的重要通道，规划在西治和黄瓜掌建立 2 处保护管理点，既可以起到加强巡护、宣传和管理，保护资源的作用，也可以作为进入保护区的森林防火检查哨卡。新建保护管理点均为砖混结构，每个保护管理点建筑面积 100m^2，抗震等级Ⅶ级设防。

保护区内现有的蟒河、东山、树皮沟、索龙 4 个保护管理站，站址均处在山大沟深处，夏季潮湿炎热，冬季寒冷干燥，截至 2017 年底，建站年限均超过 12 年。规划期内，拟对现有的 4 个保护管理站进行维护，外墙做保温材料处理 1630m^2，其中蟒河 500m^2、东山 450m^2、树皮沟 400m^2、索龙 280m^2。完成内墙粉刷 5000m^2，更换部分老化线路和水暖电设施设备。

5.1.2.2 配备保护管理设备

为满足保护管理日常需要和办公要求，各保护管理站根据管护人员数量及管护重点配备相应的设备。设备包括办公设备、巡护设备、资源监测设备、森林防火设备、林业有害生物防治设备、疫源疫病监测设备。巡护设备包括旋翼无人机 2 架，固定翼无人机 1 架，巡护电动自行车 20 辆，巡护、防火用车 1 辆。其他设备结合专项保护设备规划实施，详见 5.1.4 保护管理专项规划中的森林防火、林业有害生物防治、资源与环境监测和疫源疫病监测规划。

5.1.2.3 巡护步道维护

巡护工作是保护区日常工作的核心，应制订科学的巡护制度，通过日常的巡护、监测，及时了解保护区自然资源的状况，控制人为干扰，制止影响野生动植物生存的行为，救助受伤害的野生动物。由于保护区地形复杂，现有的巡护步道均为乡间小路，长年失修、路面毁坏较多，且路面较窄，通行较差，对巡护步道进行维修维护，一方面利于巡护通行，另一方面还可以作为保护区的应急处置通道。

本次规划树皮沟-黄琅-苇步迤-三盘山 10km、黄瓜掌-三盘山 3km、黄瓜掌-豹榆村-小南岭 4km、蟒河-拐庄 3km，共计 20km 的巡护步道，分期分批进行路面清理、路基维护，对塌方、冲毁地段进行修补，对影响动物通行的兽道进行维护，使其利于野生动物的栖息、活动。

5.1.2.4 视频监控预警体系建设

本期规划建立保护管理视频监控预警系统，并将此系统纳入智慧保护区平台。该系统规划抓拍、录像、语音提示、远程警示、交流等功能。对 4 个管理站安装视频前端，新建 12 个视频监控点，位置规划在保护区边界和人为活动频繁的苇步迤、三盘山、豹榆树、黄瓜掌、花园坪、指柱山、西洼、南河、拐庄、丁羊顺、猴山、出水口。在后期对所有视频前端设备进行更新。视频监控系统与 5.1.4.2 森林防火规划共建。

5.1.2.5 保护管理法制体系建设

(1)野生动物肇事补偿基金。按照《中华人民共和国野生动物保护法》的规定，野生动物对群众生产生活造成的损害，由当地政府予以赔偿，但鉴于地方政府缺少配套的补偿办法，从而使群众的损失补偿长期不能落到实处的实际，为了缓解社区与保护区的矛盾，减少野生动物对社区居民造成的经济损失，拟规划在地方政府补偿办法和补偿标准未落实前，申请国家每年投入专项资金设立补偿基金，用于补偿野生动物对人畜和庄稼造成的损失。资金使用应严格审批，做到专款专用，本年度剩余资金列入下一年度赔偿使用。结合保护区辖区群众每年遭受野生动物危害的实际，每年规划投资15万元，用于当地群众补偿。地方政府出台相应的补偿办法，并予以补偿后，规划期内的国家投资按原渠道返还国库。确定补偿金额的办法是：通过保护区工作人员、受损群众以及有资质的调查机构共同组成调查组，对肇事范围、类型、受损程度进行勘察、评估后予以合理补偿，调查及补偿结果应公平、公正、公开，并存档备案。

(2)加强法制化建设。按照《自然保护区条例》相关规定，每个自然保护区要根据自身条件，突出特色，开展"一区一法"建设。规划期内拟积极争取地方党委、政府、人大的支持，努力推进"一区一法"制定工作，争取早日通过政府审批、人大备案，顺利颁布《山西阳城蟒河猕猴国家级自然保护区管理办法》，使保护区的各项工作有章可循，有法可依。

5.1.3 珍稀濒危野生动植物保护管理

5.1.3.1 珍稀濒危植物资源保护

(1)就地保护。对蟒河保护区内的国家、省重点保护的36种珍稀野生植物资源进行专项调查，按照山西省极小种群野生植物保护工程建设标准，对珍稀濒危植物采取围栏、挂牌、人工促进天然更新等保护措施，进行就地保护，并做好保护监测工作。

(2)建立珍稀植物种质资源圃。在蟒河保护区内选择生境与珍稀濒危植物自然生长环境相同或相似的环境，建立珍稀植物种质资源圃(图5-1)，扩大其种群数量，为开展珍稀植物繁育、遗传育种、基因研究提供场所和材料。种质资源圃的建设选择在实验区内、交通便利的已荒废多年的农地或林地边缘地带。目前，蟒河保护区已在实验区庙坪初建了南方红豆杉种质资源圃，本期规划在实验区庙坪、树皮沟建设珍稀植物种质资源圃6hm²。通过收集区内珍稀植物和树种，进行保存、栽培、繁育、扩大种群。

图 5-1 南方红豆杉种质资源圃

(3)回归保护。通过珍稀植物的单株繁育后，在野外选择适生环境，采用10株或20株群植的混交模式在林中、林下进行栽植，最终达到珍稀植物种群回归保护的目的。规划选取保护区内窟窿山脚的一片弃耕地共计7hm²进行人工辅助自然恢复，栽植树种为种质资源圃扩繁成功的珍稀濒危植物，采取近自然的方式进行栽植，栽植整地时要保护地表原有植被。

5.1.3.2 重点野生动物保护

(1)建立猕猴种群人工补给饲料逐步退出机制。规划期内，对于猴山的猕猴种群，鉴于其种群投食时间从1988年至今已有30余年的时间，该群猕猴对人的依赖程度较高。借鉴国内其他地方的经验教训，规划期内对猴山的320只猕猴要减少人工投食补给数量，具体办法是：在夏初到秋末野外食源丰富的季节，不再投食，在冬春季食物匮乏的季节，仅用少量的当地储藏水果、蔬菜进行补给。同时，猴山猕猴种群作为保护区的猕猴行为、习性观测点，亦作为猕猴行为习性野化回归的对照观测站。

(2)建设动物通道。保护区由蟒河镇通往押水、蟒河村的公路，使动物种群之间的迁移、交流被阻断，在短期内如无法中断道路，恢复自然状态，则连接被道路分割的生境碎片至关重要。要对乡村公路沿线进行全面细致监测，密植高大乔木林带，隐蔽公路，在动物可能活动的路段设置相关标志牌并破除部分护栏为动物留出通道，使动物自由迁移，减少种间干扰。

规划利用现有地形在核心区道路分割地带，因地制宜选用平交、跨越式、涵洞式等不同方式建动物通道3处，对通道范围内的公路路面进行喷涂自然色伪装，在动物通道沿途多栽植一些浆果类植物，引导动物经过动物通道自由穿越公路，消除种群之间的阻隔。

(3)野生动物栖息地保护人工辅助自然恢复。与珍稀植物回归保护相结合，考虑野生动物生境要求，建设内容与5.1.3.1的珍稀濒危植物资源的回归保护结合实施。

5.1.3.3 古树名木保护

根据国家古树名木保护分级标准，对保护区内树龄100年以上的52株古树名木进行登记入册，通过设置围栏、定期修剪、人工施肥、定期检查病虫害等方式进行全面保护。特别是对古树名木较多的区域，如南汕、东汕等进行整体规划和保护，保存优良的基因资源，提升保护价值，既激发人们的自然资源保护意识，又增加科普宣传的体验价值。

5.1.4 保护管理专项规划

5.1.4.1 土地权属管理

蟒河保护区现有林地4982.19hm^2，其中林地权属属于国有的3758.56hm^2，属于集体的1223.63hm^2。规划在国家、省政策支持下，可以采取赎买、置换等方式，把林地权属属于集体的部分变更为国有。同时，对核心区内的280.38hm^{2}耕地也采取赎买的办法，把其权属变更为国有。对于搬迁特别困难的群众，留下生活空间，使其对自然资源和环境的影响降到最低程度；通过规范林地、耕地权属，并按照国家有关规定，对于不影响生产生活的永久农田先转成一般农田，具备条件后逐步退出，使保护区的管理更加具有完整性和科学性，促进保护区的可持续发展。

5.1.4.2 森林防火规划

保护区地处偏远地区，森林防火工作点多、线长、面广，火灾隐患仍然存在，森林防火是一项长期而又艰巨的任务，在保护区核心区、人员密集区和火险等级大的区域防火任务尤为艰巨。规划期间，应认真贯彻"预防为主、积极扑灭"的方针，采取一系列行之有效的管理措施，逐步完善森林防火体系。

5.1.4.2.1 防火设施及装备规划

配备先进的防火设备，建成森林防火预测预报系统，提高森林防火预测预报技术水平。预测预报系统结合5.6智慧保护区建设规划实施，需新建的设施如下：

(1)瞭望(塔)及设备(含通讯)。瞭望(塔)的设置，必须视野宽阔、控制范围广。设置位置、结构形式和高度，应顺应自然地形地势条件。

蟒河保护区现在押水村天麻自然庄建有1座瞭望塔，瞭望范围可以辐射西南区域。通过实地勘察选址，本次项目建设规划在黄鄘、苇步汕附近选制高点(实验区)建瞭望塔1座，辐射范围可达中部及东北部区域，瞭望塔高18米，底部5m×5m，上部4m×4m，共4层，采用钢、木、砼、石等材料建造，瞭望塔内配备瞭望、监控、报警和通讯设备。瞭望塔可结合公众宣传教育，在发挥防火瞭望功能的同时，也可作为公众宣教设施使用。

(2)森林防火微波塔建设。保护区现已有防火微波监控铁塔3座，但是由于使用年限久远、自然环境恶劣、维修资金短缺等原因，造成监控设备陈旧，年久失修，目前设备运行不稳定，不能很好地满足森林火灾的预防工作，亟待更新维护。同时需要建立视频监控预警体系，与5.1.2.4保护管理工程的视频监控预警体系建设结合实施。

规划将原有3座防火微波监控铁塔已安装的监控设备进行更新更换和升级改建，采用最新的综合能力监控设备和微波监控设备，同时建立太阳能微波中继站，将信号传回管理站或管理局，从而提高保护区林火监控能力，保障森林资源安全。

森林防火综合能力监控设备，具有红外热成像仪和可见光双视监测、网络传输的功能，其红外热成像传感器通过接收物体发出的红外线辐射，形成物体表面的热分布图像，并进行非接触的温度测量，通过波长7到14nm的远红外线辐射，可以克服雨、雪、雾等恶劣天气条件，在夜晚的时候也可正常工作，还能够在发生火灾后，穿过浓烟捕捉火势的实时动态，为现场指挥扑火提供参考。

微波监控设备使用、维护专业性比较强，保护区可以委托有资质的专业公司负责后期维护检修，配备专人负责，确保规划期内设备正常运行，规划每年投入专项资金用于微波监控设备运行、维护(包括人员工资)，资金使用需严格审批，做到专款专用，本年度剩余资金列入下一年度使用。规划微波监控设备兼顾防火监控、科研监测共同使用。

(3)防火通道维护。保护区地跨的东冶、蟒河2个乡镇，均处于阳城县边缘，山大沟深，道路不畅，乡镇界以三盘山山脊为界。20世纪70年代，为了方便两个乡镇之间通行，在地方政府主导下，修建了从东冶镇窑头村黄瓜掌自然庄至蟒河镇蟒河村草坪地自然庄的10km通道，保护区成立后，也把此道路作为防火通道，这是保护区内唯一的一条、黄瓜掌至草坪地防火通道。本期规划保留现状，在维护时，仅对道路两侧做一些灌木、草本清除，对于雨水冲刷严重的地段，修复塌方、平整维护，铺垫沙石，但决不动用机械，不对周边森林资源造成破坏，为森林灭火提供一个有力的作业平台。

(4)扑火设备。对上期规划期内购置的扑火机具进行整理，对于已不能使用的设备进行报废处理。经清理，本期规划拟购置扑火设备50套，包括安全防护设备、便携式风力灭火机、背负式风力喷水灭火机、背负式灭火水枪、短把油锯、阻燃服(含帽子)、迷彩作训服、防火马甲、迷彩胶鞋、充电电筒、砍刀等。同时，结合配备野外巡护个人装备50套。

5.1.4.2.2 防火宣传及队伍建设

(1)提高群众法律意识，加强防火宣传教育。执行《森林防火条例》《山西省野外用火管理办法》，进行防火宣传，增强社区居民的森林防火意识，使防火工作家喻户晓。森林防火宣传材料的制作等，与公众宣传教育5.3.3规划内容相结合，不再另行规划。

(2)健全防火组织机构，建立防火专业队伍。保护区组建1支不少于20人的半专业扑火队，4个保护管理站扑火队伍整合，组建两支10人的应急小分队。保护区制定森林防火工作预案，定期进行防火知识和灭火技能的培训、实战演练，以提高防火队员的扑救技能，每年在冬防期和春防期，组织专业灭火队分别在蟒河生态宣教中心和桑林(拟建立的教学实习基地)集中待命、集中培训、学习演练，以确保发生火灾后能够拉得出、用得上、打得赢。

（3）加强野外火源管理，严格用火审批制度，落实防火责任制。对进山人员严禁携带火源上山，区内居民民事活动需要用火，要严格按照用火审批程序办理野外用火手续，并进行监督、控制。按火险等级进行分区管理，在森林火险等级较高时段，加强重点人群、重点区域的防火宣传，在保护区及周边主要地段、居民区设置防火警示牌和防火宣传标语。林区内建筑物必须符合建筑设计消防要求，并配备相应的消防设施。

5.1.4.3 林业有害生物防治

林业有害生物防治工作是森林资源保护以及动物栖息地生存环境保护的一项重要工作，只有制订科学、合理的防治规划，保障防治措施的落实，加强林业有害生物防治工作的基础设施建设，才能有效地保护森林生态系统，保护野生动物的生存环境，维护生物多样性。规划内容如下：

（1）防治体系建设。严格执行《植物检疫条例》《植物检疫条例实施细则（林业部分）》，制定保护区植物检疫规章制度，确保阻止外来有害生物的传入。

结合保护区本底资源调查，在查清松褐天牛、美国白蛾、红脂大小蠹等有害生物的基础上，掌握区内有害生物种类及其分布区域，建立区内有害生物信息档案。结合GIS系统，对保护区主要有害生物进行定点、定位、定时监测，了解其生活习性与生物学特征，对其发生、发展规律进行追踪研究，建立动态监测系统。在病虫害易发生地区，采用人工放养或挂巢招引天敌的办法，加大生物防治力度。

（2）检疫体系建设。加强林业有害生物防治工作的基础设施建设，规划在树皮沟保护管理站设立植物有害生物防治检疫站，与保护管理站综合利用，配备相应的保护防治设备1套，包括数码体视显微镜2台、智能人工气候箱2个、有害生物调查统计器6套、虫情测报灯2个、放大镜20个、培养箱6个等，用先进的技术方法和设备，规范防治工作。及时发现情况，及时制定防治措施，确保防治工作正常开展，保护森林及野生动植物资源的安全。

5.1.4.4 陆生野生动物疫源疫病监测

（1）保护区野生动物疫源疫病防控。在野生动物的集中分布区和鸟类迁飞通道，加强对陆生野生动物的监测具有重要意义。2018年6月，国家林业局批准蟒河保护区省级陆生野生动物疫源疫病监测站晋升为国家级陆生野生动物疫源疫病监测站，主要监测对象仍是区内猕猴及沁河流域的迁飞鸟类。主要监测区域：一是蟒河保护区内以猕猴为主的陆生野生动物；二是位于保护区外的、阳城县沁河流域的湿地鸟类迁徙区。本次规划在猴山设立猕猴野外观测点，在沁河流域设立鸟类疫源疫病监测点，并结合国家、省监测任务安排，在沁河流域适当处建立鸟类疫源疫病监测点用房100m^2。购置拍摄鸟类单反相机(配备专用镜头)4台、高清数码摄像机2台、高倍望远镜6台、激光测距仪2台。每年结合实际制定监测方案，加强测报工作。

（2）外来物种管理。蟒河保护区栎类林分生态系统脆弱，目前仍未对外来物种入侵现状进行过系统调查，规划期内主要对本底数据进行收集，查清松褐天牛、美国白蛾、红脂大小蠹等外来物种的种类、分布、生物学特征，并对危害程度作出初步评估，后期主要是建立预警监控机制，完善法律法规管理，开展宣传教育。

5.2 科研监测规划

科研监测工作既是保护区的一项基础性工作，又是一项极其重要的工作。科研监测工作一方面可以有针对性地为生物多样性保护提供理论基础，又可以为保护管理工作及资源的合理利用提供依据。

蟒河保护区地理位置特殊，生态系统保存完好，为开展生物多样性研究和森林生态系统的保护研究，提供了优越的条件。通过有计划、有步骤、有重点地对保护区内的生态系统和生物多样性进行监测和研究，为保护区管理决策提供科学依据。

5.2.1 科研监测规划的原则与目标

5.2.1.1 科研监测规划的原则

(1)加强科研宣传教育。充分利用保护区有利的自然环境和资源优势，通过参加国内外有关保护生物学的学术会议，进行广泛宣传，吸引国内外科研和保护力量参加保护区的科学研究和保护工作。

(2)突出保护特色。科研项目的选定应体现保护区特色，要注重实用性和针对性，以重点保护野生动植物为重点，目标明确，任务具体。

(3)抓好基础科研，推动应用科研。保护区的科研应紧紧围绕保护与发展的需要开展，按照"以科研促保护，以科研求发展"的原则，以深入的科学研究来充分体现保护区的自然价值。根据实际，积极向有关部门科研管理机构申报科研课题。以科研项目促进和提高保护区的知名度，推进自然保护事业的健康有序发展。

(4)提高队伍素质。科研监测的重点应放在改善科研条件，提高科研队伍素质上，要购置必要的科研设备，建立研究平台，做好后勤服务，以优越的政策吸引科研单位和高等院校的专业人才到保护区开展科研工作，并对保护区科研队伍起到示范带动作用。

5.2.1.2 科研监测的目标

通过科研监测，建立"数字化保护区"。掌握保护区自然资源和社区经济的变动情况，为保护区动植物资源及其生存环境的保护管理提供科学依据，调整或采取相应的保护措施。加强基础研究，了解和掌握保护及繁育的科学方法，有效扩大和恢复保护区内珍稀濒危物种的种群数量，维护生物多样性。

5.2.2 科研与监测项目规划

保护区科研监测内容可分为常年监测和专题性科研两个方面。保护区科研由巡护监测人员根据保护管理需要，对主要保护对象及其栖息地进行常年监测，获取基础资料和数据，为专题性研究打下基础。专题性科研主要由保护区科研部门牵头与国内外科研单位、高等院校以及相关国际组织开展合作。此外，保护区自身也应积极争取一些基础科研项目。通过这些项目的实施，提高保护区科研人员的素质和专业水平，为保护区的科研工作打下良好的基础。

5.2.2.1 科研项目规划

5.2.2.1.1 综合科学考察

开展蟒河保护区科研综合考察。蟒河保护区自1983年建区之初，开展过一些简单调查，1996—1997年开展过本底调查，2012—2013年由山西省生物多样性中心组织进行了科学考察，资源本底较为清楚。按照自然保护区建设的相关要求，每10年需进行一次综合科学考察。规划拟在前期内完成两栖类、爬行类专项调查、鸟类专项调查、社区经济状况调查；中后期进行蟒河保护区专项科学考察，如栎类植被、蕨类植被、其他经济植物、昆虫等专项调查，进一步深入掌握资源状况和特色，全面系统地了解区系分布规律和动植物资源的基本特征。

5.2.2.1.2 专项调查

蟒河保护区的主要保护对象是猕猴和暖温带森林生态系统，目前，保护区已开展了猕猴资源调查、固定样地样线监测。按照山西省林业和草原局的要求，蟒河保护区在2019年后应进行极小种群野生的物种调查，物种包括金钱豹、原麝、黑鹳、金雕、复齿鼯鼠、大鲵等6种动物，和太行花、南方红豆杉、连香树、领春木、山白树、山桐子、山胡椒 7 种国家、省重点保护的珍稀濒危植物，以及兰科植物，规划期内，拟围绕这些重点物种开展专项调查。

5.2.2.1.3 基础和应用科研项目

根据蟒河保护区的科研实际，基础科研主要是搭建科研平台，选好项目，以科研院所、大专院校为主，保护区参与、配合，提高保护区工作人员的职业技术能力，为更加科学有效的管理打牢基础。应用科研的重点主要是积累科学数据，为主要保护对象猕猴的保护，及森林生态系统的维护提供依据。拟开展的基础应用科研项目有：

（1）智慧化、数字化保护区管理系统研究；

（2）蟒河保护区森林生态系统可持续发展研究；

（3）亚热带向暖温带过渡地带栎类落叶阔叶林典型特征研究；

（4）生物多样性研究。动物研究课题主要与中国科学院动物研究所、北京师范大学、山西大学、山西农业大学等省内外科院校合作；

（5）森林生态系统服务量和价值量评估。与中国林业科学研究院、山西农业大学、山西大学等单位开展合作研究；

（6）与科研单位、大专院校合作，重点开展极小物种野生种群致濒机理、保护机制的研究；

（7）针对猕猴开展人兽共患病机理研究课题；

（8）人类活动不同干扰程度对生物多样性的影响及栎类次生林恢复重建技术研究。

5.2.2.1.4 整体评估及编制下一期总体规划

在本期规划实施完成后，对本期规划实施情况进行整体评估，总结实施的经验和教训，分析存在的困难和问题，着手编制完成下一期总体规划，以便使保护区建设能够得到可持续发展。

5.2.2.2 资源及环境监测项目

5.2.2.2.1 基础监测项目规划

持续开展各类监测，为保护决策的调整提供科学依据，监测的主要内容有：

（1）开展固定样地样线监测，按照原布设的后庄停车场-水帘洞 2.5km、水帘洞-神龟池 2.5km、后小河-水圪节 3.0km、洪水-阳庄河 2.5km、老鼠梯-草坪地 2.5km、押水-前河 2.5km、苇步迾-黄瑯 1.5km、南岭-胡板岭 3.0km、花园坪-杨甲 3.5km、黄瓜掌-三盘山 3.0km，共计 26.5km 的样线，进行常规监测工作。固定样线内均无任何人工辅助设施。

（2）开展保护区内湿地、水文的常年持续监测；

（3）开展陆生野生动物疫源疫病的专项调查与监测；

（4）开展林业有害生物的专项调查与监测；

（5）开展区域森林资源、珍稀植物、中草药、菌类等林下资源的种类、数量及其分布的动态变化监测；

（6）开展社区情况的监测，把区内群众的生产情况、家庭生活、主要收入情况等本底调查清楚，每年进行动态监测，及时掌握社区发展变化情况；

（7）开展生态旅游对野生动物栖息地的影响监测。

5.2.2.2.2 重点保护野生动物资源监测

在进行动物调查工作的同时，根据重点保护野生动物的分布情况，按照网格化设置，每个网格设置为1km×1km，在每个网格内布设 2 台红外相机，全区共设置 50 个网格需布设 100 台红外相机，对野生动物进行监测。红外相机选用分辨率高、续航能力强的先进设备，通过红外相机的辅助监测，获取影像数据，把数据作为智慧保护区建设的一部分。

5.2.2.2.3 珍稀濒危野生植物资源监测

规划期内，结合对区内珍稀濒危野生植物资源的调查，建立国家、省重点保护野生植物基础数据库，纳入智慧保护区平台建设，通过常规监测，实现对野生植物生长情况、分布区域、种群数量、群落生境等进行数字化更新管理。本监测与5.1.3.1珍稀濒危植物保护项目规划结合实施。

5.2.2.2.4 自然生态环境监测

规划开展自然生态环境监测工作，在区内的蟒河和窑头各建立1块1hm^{2}的大样地，从便携式监测设备入手，开展气象、土壤、水文、生物监测，收集相关资料。

（1）气象监测。观测森林生态系统不同区域的风、光、温、湿、气压、降水、土温等气象因子，了解不同区域小气候差异，拟在丁羊顺、前河各设立1个观测点，配备Campbell小型自动气象站2套、HOBO自动气象站5套、梯度气象观测塔传感器2个、CPR-KA空气自动监测仪2台、AIC 1000负氧离子浓度仪10台、XK-8928噪声检测仪3台、森林环境空气质量观测设备等。

（2）水文监测。水文状况直接影响到森林生态系统的演替趋势，对水文状况的准确掌握利于保护的分类施策。规划配备监测设备QYJL006便携式地表坡面径流自动监测仪5台、自动记录水位计2台、FLCS TDP插针式植物茎流计5台、YSI Proplus便携式水质分析仪2台，对出水口、蟒湖、阳庄河的水文数据进行监测，把监测数据接入智慧保护区平台。

（3）土壤监测。在设定的样地内，开展森林土壤理化性质指标长期、连续监测，了解土壤发育状况及理化性质的空间异质性，分析土壤与植被和环境因子之间的相互影响过程。配备土壤监测设备EM 50土壤温湿度测定仪3台、BL-SCB风蚀自动观测采集系统1项、TRIME-PICO64便携式土壤水份测量仪2台、U50便携式水质分析仪2台、SC-900土壤坚实度仪1台，通过对森林生态系统土壤有机碳含量观测，测算土壤固碳能力。土壤观测的内容包括：土壤理化性质，如土壤厚度、颜色、含水量、总孔隙度等；土壤化学性质，如土壤pH值、有机质、水溶性盐分总量、全N、全P、全K、全Mg、全Ca等，并购置土壤导水率测量系统等监测设备。所有实时数据纳入智慧保护区平台建设，对数据进行科学管理和分析。

（4）生物监测。购置CD03型光合叶面积仪1台、年轮分析仪1台、全站仪2台、超声测高测距仪2台、罗盘5台、电子秤5台等，开展森林生态系统的栎类林分生长规律的观测和研究。

目前，山西省的森林生态定位观测站共有5个主站，5个辅助站，但是晋东南地区仍可增加辅站。为此，蟒河保护区已向山西省林业和草原局提出设立省级森林生态定位观测站辅站的意向，规划后期结合森林生态定位辅站的建立，争取国家、省级专项资金，建立观测定位站基础建设和观测铁塔、测流堰、坡面径流场、水量平衡场等。

5.2.2.3 科研基础设施设备

（1）科研标本制作与保管设备。配备科研标本制作工具20套。科研标本保管设备1套，包括标本柜、昆虫采集工具、标本制作工具、低温冷冻杀虫柜、加湿抽湿机、防尘防潮箱等，同时增加标本种类、增设展览柜。

（2）更新保护区卫星影像资料。保护区投入专项资金用于购买更新保护区卫星影像资料的服务，通过一次性支付更新服务费，规划期10年内，要求服务商每5年提供一次最新保护区高分辨率影像资料，为更好地监测区内人类活动、重点区域保护情况等提供动态依据，同时可以为绿盾行动、自然保护区环境综合整治行动等提供参考。

5.2.3 科研队伍建设

5.2.3.1 科研人员配置

制订科研计划和科研工作管理制度，确保科研经费来源与开支，调动科研人员的积极性，鼓励科技人员积极参与课题申报，争取多渠道筹集科研经费，多出科研成果。

充实科研部门技术力量，尤其要招录重点学科、专业对口的科技人员，以保证留得住人才，保障重点项目的正常运行。

采取有效措施，稳定科研队伍，并鼓励专业科研人员前来就职，聘请客座教授前来兼职，发挥学科带头人作用，提高科研人员素质，增强科研整体实力。

5.2.3.2 科研质量提高

主动与国际、国内科学研究机构和高校建立横向联系和合作关系。着眼于保护区科研质量水平提高，向国内先进保护区看齐，加强科技人员的业务培训，提高政治和业务素质，提高保护区的科研质量水平。

加强现有专业技术人员的培训和交流，制订适合蟒河保护区实际的人才培养制度和措施。加强岗位培训，促进知识更新，提高业务水平和工作能力。提供优惠条件，聘请专家学者，定期来保护区指导科研工作。加强与国内、国际自然保护区及其相关科研机构的交流与合作，及时准确地了解和掌握国际性自然保护区科研动态，及时调整研究方向。

5.2.4 科研组织管理

科研项目要有效地利用有限的资源，取得较好的成果，就必须进行项目的科学管理。合理组织研究课题是实施科研计划、取得科研成果的保证。

（1）科研组织管理内容。建立、健全科研规章制度，科研项目实行法定代表人负责制，课题主持人主管责任制，参加人员岗位负责制。制定科研经费专项使用制度，制定科研仪器设备安全使用制度，制定科研成果与资料安全管理制度，建立成果鉴定评审和验收制度。

（2）科研组织管理形式。一般课题由保护区科研室统一组织实施。重点课题（国家林业和草原局下达或国内外合作项目）以组织合作研究为主，以项目协议形式明确项目负责人的责任、权力与义务，明确课题项目负责人及各方联络人，由项目负责人全权负责、项目主持人具体负责研究项目的实施。

5.2.5 科研档案管理

建立科研档案管理制度，规定档案管理内容、形式。

5.2.5.1 科研档案内容

编制管理计划、科研规划、年度计划等。包括管理计划、中长期科研规划、年度计划、专题研究计划、专题科研项目建议书、项目可行性研究报告、年度科研总结、科研成果报告等，编制中长期专题研究延续进展情况报告。

科研论文及专著。包括在国内外各级、各类学术及科技、科普刊物上发表，学术研究讨论会宣读，或在专题讲座上发表的论文及著作等。

科研活动记录及原始资料。包括野外考察纪录、观测纪录、课题原始记录、统计材料等图、表、册、声像资料等，科研合同及协议，科研人员个人工作总结等。

5.2.5.2 科研档案管理

完善档案管理制度，科研档案应及时归档，实行科学化、规范化、制度化管理，确定专人管理科研档案，实行档案管理责任制。建立科研课题负责人编写科研总结报告制度；严格保密制度，确保科研档案完整保存。建立科研档案数据库，实行电脑管理与传统档案管理相结合。档案管理设备结合5.6智慧保护区建设规划实施。

5.3 公众教育规划

自然资源及其生态系统保护的宣传、教育和培训工作是自然保护事业极为重要的一环。自然保护区是开展自然资源、生态环境和生物多样性保护、法律法规公众教育的重要基地，尤其是对青少年加强环保宣传、科普教育，普及生态、法律知识具有不可替代的作用。保护区应有计划、有重点地开展公众教育，提高全社会的自然保护和生态环境意识。

5.3.1 公众教育的基本原则与目标

5.3.1.1 基本原则

（1）坚持面向全民的原则。结合保护区的特点，教育对象要面向社会大众，普及生态文明知识和科学技术，宣传猕猴种群保护相关知识，使社会公众了解掌握自然生态知识，提高热爱大自然的意识。

（2）宣传与教育相结合。通过宣传进乡村、进课堂，重点宣传国家有关自然保护区建设的法律法规，宣传人与自然和谐相处的知识，使宣传与自然生态教育有机结合起来。在"爱鸟周""世界动植物日""野生动物保护月"，把公众教育主题与社区共建结合起来进行宣教，逐步使社区群众参与保护区建设。

（3）提高实效原则。充分利用互联网、全息技术等现代高科技手段，引入体验式宣教技术，通过交流、互动、体验，提高公众对自然保护知识的兴趣和积极性，提高宣教实效。

5.3.1.2 建设目标

通过采取传统与现代相结合的技术，开展面向全民的宣传教育，相关法律知识教育，实现宣教活动的常态化，建设山西省生态文明建设科教基地。通过完善公众教育设施，建立以生态文明教育示范基地为主体的宣教平台，提升保护区在区域经济社会发展中的影响力。通过常态化、不间断的公众宣教，提高全民保护自然资源和自然环境的意识。

5.3.2 公众教育对象、内容与形式

采用多种宣传方式，开展自然生态知识教育、环境保护的公众教育，提高社会公众的保护意识，是做好保护区自然资源保护管理工作的重要途径。

5.3.2.1 公众教育的对象

（1）保护区辖区及周边社区群众。包括阳城县蟒河、东冶两个乡镇的全体社区居民。

（2）保护区辖区内的中小学生。包括辖区内的3所乡镇中学和6所小学1000余名学生。

（3）入区体验者。结合生态旅游，以体验式自然科普宣传教育为主，对入区人员进行爱护自然、爱护野生动植物的宣传教育。

（4）志愿者。对支持保护区建设和爱护自然资源和自然环境的志愿者，开展自然保护知识和宣传教育技能的宣教活动。

（5）自然保护区工作人员。重点宣传自然保护区建设法律法规、野生动植物调查技术、先进的自然保护区管理理念等。

5.3.2.2 公众教育的内容

（1）激发公众的自然保护意识。通过升级完善标本馆建设，推进社会公众对蟒河保护区地理特点、生物资源、自然风光、珍稀濒危动植物以及社区建设情况等的认知，使人们充分了解和认识自然保护区对维护人与自然和谐关系协调发展的重要意义。通过享受自然、感受生态、领悟生态内涵，推进蟒河保护区率先走出生态旅游的良好道路。

（2）提高当地各级政府及其官员的自然保护意识。通过组织到保护区参观考察及参加会议等方式，介绍自然资源管理的一些基本常识，解释生物多样性的重要性，以增强他们对自然保护区的作用、功能、管理、保护及发展的认识。

（3）进行保护区政策、法律、法规宣传。通过宣传，让公众特别是周边群众了解保护政策、法规，自觉遵守有关保护法规，改变群众"靠山吃山"的传统旧习，促使他们逐渐明了"绿水青山就是金山银山"的道理。

（4）开展区内及周边学校学生的保护自然环境教育，充分发挥保护区公众教育基地的作用。中小学生易接受教育，有效的教育又能影响学生的家庭，因此，教育的着力点应放在青少年身上。

（5）加强森林防火的公众教育，特别是加强入区人员与生产活动进山人员的护林防火公众教育。

（6）建立入区人员咨询服务，开展自然生态和自然资源保护咨询服务，提高其保护意识。

5.3.2.3 公众教育的形式

（1）采用新媒体和传统媒体结合的方式进行公众教育。利用广播、电视、报刊、录像、出版物等大众传媒，利用网络媒体、数字电视等，通过互联网、无线通信网、卫星等渠道，向社区群众和保护区职工提供信息和服务等，进行经常性的、形式多样的、生动活泼的公众教育。

（2）充分利用自媒体，开展公众宣传教育。利用现代化信息技术，建立保护区网站、微信公众平台、手机APP、抖音、博客、微博、百度官方贴吧、论坛/BBS等网络社区，采用当下大众的交流沟通方式，通过互联网平台进行蟒河保护区的自然资源与自然环境保护宣传，扩大知名度。通过保护区和社区公众发布自己亲眼所见、亲耳所闻事件，在自媒体上提高蟒河保护区的公众影响力，提升保护区良好的自然科学殿堂的形象。

（3）结合科普活动对中小学生进行自然保护教育。通过举办夏令营、冬令营活动，在保护区周边各中、小学举办自然保护知识讲座，使学生了解自然保护区，热爱大自然，自觉保护自然资源和生态环境。

（4）在保护区主要出入口、公路沿线、周边保护带居民点及生态旅游区设置永久性和半永久性的、醒目的标志、标牌、标识。

（5）结合科研工作和生态旅游活动，完善宣传展示设施设备、更新标本，采用电子浏览设备等现代化高科技手段展示保护区优美的自然风光、丰富的动植物资源、优越的自然环境，把生态文明科教基地建成集科研、科普、宣传、教育、观赏、展示为一体的综合性博物馆。

（6）继续举办以"爱鸟周""野生动植物日""科技周"为主要形式的宣教活动，活动期间向公众开放标本馆，每年确定不同活动主题，面向未成年人，开展形式多样、生动活泼的公众教育活动。

5.3.3 公众教育设施规划

5.3.3.1 生态文明科教基地建设

规划建设生态文明科教基地。在现有标本馆内进行装修改造，改建升级 500m² 的标本馆，补充各类动植物标本，利用现代科学技术手段布设，建设山西省具有代表性的动植物标本展厅，同时成为蟒河保护区内的生态文明科教基地。生态文明科教基地的标本设施设备与科研标本保管设备结合使用，与 5.2.2.3 标本保管设备规划结合实施。

5.3.3.2 科普宣教小径建设

建设树皮沟至猴山 8km 科普宣传小径。重点围绕野生猕猴保护开展宣传教育，建设猕猴文化长廊、15 个观察平台宣教栏，配备引导解说系统 1 套，结合猕猴在森林生态系统中的竞争、排斥、融合等知识，进行生物多样性保护宣传，宣传与猕猴共生共存的金钱豹、原麝等野生动物，以及猕猴食源植物的特征和生境等知识。并在科普小径旁设立生态警示宣传牌，安放电子宣传设备，并悬挂树木标识二维码牌 1000 块，让社区公众真正体会自然生态的魅力。

5.3.3.3 公众教育设施、设备规划

宣教设备：在生态文明科教基地，配备高清 LED 显示屏等相关设备。

制作宣传材料：制作保护区画册、保护区宣传小册子、宣传传单、科普教材、图书、光盘、宣传标示牌。宣传材料的内容结合保护管理、科普知识、森林防火、有害生物、疫源疫病、野生动植物宣传、社区农业技术等编制。

收集建立保护区宣教资料数据库，将资料统一进行归类、排版、电子化处理，以图、音、影的形式通过各种相应的宣传方式开展宣教工作，资料库采取收集、购买国际、国内科研宣教资料等方式，每 5 年更新一次，保护区投入专项资金予以保障。

5.3.3.4 公众教育平台规划

把本规划纳入智慧保护区平台建设（详见 5.6），不再另行规划。

5.3.4 建立教学实习基地

在蟒河镇桑林村，距保护区树皮沟保护管理站 3km 的区域，利用原桑林乡政府（2001 年与蟒河镇政府合并，划归蟒河镇政府管辖）所在地，与桑林村协商，利用原乡政府的旧址，维修改建教学实习基地，吸引大专院校、专家学者来保护区开展科研、教学、实习等。教学实习基地改造原有房屋 800m²，安置 100 个床位，配备食宿设施等，供来区实习教师和学生使用。主要内容是：

（1）保护区在做好保护科研工作的同时，继续发挥自然科学教育基地的作用。

（2）积极创造条件，邀请专家、学者前来保护区考察、研究。

（3）与国内专业院校合作，建立自然科学教学实习基地，培养高、中级林学、生物学、地质学等方面的自然学科人才。

（4）与国内大中城市教育部门合作，举办青少年科技夏令营、冬令营，宣传生物学科科普知识，增强青少年热爱自然、保护自然的积极性。

5.4 可持续发展规划

5.4.1 生态旅游规划

随着社会经济的不断发展，返璞归真、回归自然越来越成为人们新的时尚追求。自然保护区珍贵的自然遗产、优美的自然景观、丰富的自然资源，越来越成为人们放松身心、休闲度假的良好场所，因而备受亲睐。本期规划坚持不建设对生态环境破坏的设施，以对公众的体验式旅游宣传为主进行项目规划和建设。

5.4.1.1 生态旅游规划的指导思想、原则和目标

（1）指导思想。以保护自然资源为前提，适度利用自然环境，建设环境干扰小、人为破坏少的设施，开展多样化的生态旅游活动，探索保护区与社区经济可持续发展的有效途径，将生态旅游区建成科普宣传、自然保护区成果展示的体验式旅游基地。

（2）基本原则。以积极保护为前提，生态旅游必须服从于自然保护；生态旅游项目必须强调人与自然和谐统一的主题，与自然景观和传统生产方式相协调；遵守保护优先和"三控制"的原则，保证核心区不受任何干扰，对保护区内自然资源和自然环境不产生任何不利影响；生态旅游区和服务区适度集中，不破坏和影响生态环境，不影响和干扰保护对象和科学实验活动；生态旅游设施以自然和传统为主，生态旅游景点建设不破坏原有自然风貌，不进行大型修建和整饰工程；生态旅游区内不上永久性大型建筑和配套工程；在保护自然资源和生态环境、历史文化景观完整的同时，突出重点，讲究特色，合理布局，分期建设；以公众教育和普及自然知识为宗旨，通过生态旅游，使游客增长自然知识和环保意识，成为集科普考察、公众教育、观光旅游于一体的生态旅游示范区；把生态旅游建设成为一个生态体验、对外宣传的窗口，成为对青少年进行爱国教育和环保意识教育的基地，充分发挥其社会效益和公益效益，促进保护区生态建设的不断发展。

（3）建设目标。在有效保护自然资源和自然环境的前提下，有控制地向国内外游客开放保护区，合理地利用旅游资源，有计划地建设一个生态旅游特色明显、功能齐全、服务一流、典雅舒适的大自然绿色世界，满足人类对优美的自然生态环境的游憩需求以及回归质朴和谐的自然环境需求，提高人们保护自然、维护生态平衡的自觉性，探求人与自然协调发展的生态旅游模式，充分发挥自然保护区的多种功能，促进保护区的可持续发展。

为确保生态旅游发展控制在自然保护区自然承载力之下，保护区重点在生态科普教育资源上下功夫，对自然景观资源的利用放在次要位置。

5.4.1.2 旅游产品规划

5.4.1.2.1 生态旅游规划范围

保护区生态旅游区规划区总面积 387hm^2，占实验区面积的 22.30%，占保护区面积的 6.49%，规划范围不涉及保护区的核心区和缓冲区。

5.4.1.2.2 生态旅游项目规划

蟒河生态旅游区建设紧紧围绕一条生态旅游体验带和四个生态旅游体验区展开。生态旅游体验带是蟒河峡谷风光带，在自然保护区实验区，从树皮沟稀尿圪洞脚下开始，自西向东，一直延到草坪地自然庄，主要以蟒河水流经过的峡谷水系、两岸雄险的山峰、野生猕猴和以南方红豆杉、山白树、领春木等动植物景观为主要内容，勾勒出一条独具特色的体验带，所有的旅游活动均沿此线路展开，所有的保护设施也围绕这条风光带设置建设。

4个生态旅游体验区为：

（1）南方红豆杉体验区：这是蟒河最西段悬崖阶梯地段，沿线路行走可以见到南方红豆杉个体较多、生态环境较为原始的自然生境，体验第四季冰川神奇的力量。此处规划：在与自然和谐一致的情况下，以木质原生态材料为主，做一些简单休息亭、台、廊等休憩设施。

（2）流泉飞瀑体验区：这是蟒河生态旅游体验带中最具特色的景观区，是进入生态旅游区内最具观赏和科普价值的地段，一路走过有出水洞、水帘洞、小黄果树瀑布、二龙戏珠等水景和猴山猕猴观测站，该体验区从出水口直至猴山。该处规划设计建造几处水面汀步、木栈道、浮桥等游览设施，营造特色鲜明的峡谷湿地景观，同时提高保护区生物多样性保护能力。

（3）黄龙宣教服务区：这是整个蟒河生态旅游区中心地段、游客集散地，是休息、住宿、餐饮、购物、娱乐的区域，主要有生态文明科教示范基地、三龙瀑布等景观。

（4）南汕古村落体验区：这是蟒河生态旅游区的东段，有最具地质特征的钙化型峡谷，上看一线天，下看戈壁滩，仰望两岸，万仞绝壁，府首谷底，暗流涌动。主要景点有钙化型峡谷、古树群、蟒湖、铡刀缝等，让入区人员体验大自然地质变迁的深远历史和古村落传承的无穷魅力。

5.4.1.2.3 生态旅游设施规划

由于保护区生态旅游已有一定的基础，加上可利用的部分设施，保护区的生态旅游已初步形成一定规模的旅游接待能力，本期规划主要进行生态旅游景区、景点的设施完善，具体如下：

（1）建设望蟒孤峰到树皮沟山顶游览体验步道6km；

（2）维护草坪地至铡刀峰景区道路2.6km，这一道路既是当地群众的生产生活通道，也是保护区工作人员的巡护道路；

（3）蟒河水上漂流：蟒河村集体和村民多次提出建设水上漂流项目的要求，规划拟在后河背停车场到草坪地建设3km的"蟒河水上漂流"项目，该区域处于实验区，沿途两岸青山翠绿、风景秀丽、鸟语花香，处处体现蟒河山水的原始风貌，单纯漂流对其他旅游资源是极大的浪费，要发挥漂流的体验、观光、休闲、探险、科考等功能。漂流项目建设需要修建两处漂流码头及进行河道整改，因此漂流项目实施前必须进行专项调查评估，通过水利、水务、环保、林业相关部门审批后方可实施。水上漂流建在蟒河保护区的实验区。配备公共服务设施。把生态旅游服务的主体功能放在保护区外的蟒河镇邢西村，购置5辆新能源环保客车，用于入区游客接送。在生态旅游区内设立宣传牌，加强文明卫生宣传。在生态旅游区内每隔250m就设置一个仿木质环保垃圾箱，配备分类垃圾桶300个，新建16处免水冲环保型公厕。要求游人将废弃物装入垃圾袋后就近投入分类垃圾箱，同时配备专职环卫人员即时清扫和清理垃圾箱、公厕。配备6辆清洁车，将固体废弃物集中运送到保护区外的垃圾处理站进行无公害处理。为区内服务点更换铺设维护供电线路3km、给排水管道1.5km，生态旅游区内配备消防设施30套。

5.4.1.3 客源和市场分析

从客源市场看：旅游团队68%来自山西地区，主要为太原、长治、临汾、运城、晋城等地市；8%来自河北地区，主要为邯郸、邢台、石家庄、衡水等地市；18%来自河南地区，主要为郑州、洛阳、焦作、新乡等地市；其他团队客源比例较小，占6%，主要为陕西、上海、内蒙古等地区。散客60%来自山西，31%来自河南，其他地区占9%，散客80%是景区周边300公里以内的自驾车群体。

整体市场分析看：蟒河生态旅游景区在山西省的旅游品牌得到了进一步巩固、延伸和拓展，周边300公里以内一级市场基础进一步做实，辐射二级市场的策略得到落实并取得了一定的成效。保护区生态旅游应做好动态监测，适时进行游客问卷调查，通过调查，了解游客的性质、入区旅游目的，以便及时做出适应性的调整计划，满足生态宣教需求。游客素质结构：目前应以科研实习、知识层次高、热爱大自然的生态旅游者为重点。

5.4.1.4 环境容量分析

参照《自然保护区生态旅游规划技术规程》(GB/T 20416—2006)，本着保证自然保护区生态旅游资源和生态环境可持续发展的原则，计算环境容量和游客容量。本次环境容量测算采用面积法。

5.4.1.4.1 日环境容量

日环境容量计算公式为：

$$C = (A/a) \times D$$

式中：C——日环境容量，单位为人次；

A——可游览面积，单位为 m^2；

a——每位游客应占有的合理面积，单位为 m^2；

D——周转率，D = 景点开放时间/游完景点所需时间。

计算结果，保护区生态旅游的合理日环境容量为 1170 人次/日。

5.4.1.4.2 日游客容量

日游客容量是指在特定条件下，游客一天最佳游览时间内，可游区域所能容纳旅游者的能力，它一般等于或小于旅游区域的日环境容量。如果超出这个容量，就会对保护区的设施、管理等形成负担，也会对游客的心理造成影响，从而失去生态旅游的真正意义。其计算公式为：

$$G = (t/T) \times C$$

式中：G——日游客容量(人次)；

t——游完某景区或游道所需全部时间(小时)；

T——游客每天游览最舒适合理的时间(小时)；

C——日环境容量(人次)。

5.4.1.4.3 年游客容量

$$G_{年} = G_{日} \times N \times K$$

式中：$G_{年}$——年游客容量(万人次)；

$G_{日}$——日游客容量(万人次)；

N——年旅游适游天数(天)；

K——旅游系数。

5.4.1.4.4 测算结果

测算指标确定：为了更好地体现生态旅游的宗旨，保护珍稀野生动植物生存环境，根据实际情况，蟒河生态区合理游览面积(a 值)，确定为 2000 m^2/人。

景点开放取 8 小时。

保护区生态游览区以原生态环境体验和自然生态观光为主要旅游吸引物，全年可游览天数约为 160 天。

保护区不是传统意义上的旅游目的地，省内及周边游客较多，重游率相对较低，因此，旅游系数 K 值取 0.6。

测算结果：由于服务区的主要功能是为生态旅游区提供餐饮、住宿、购物等服务，因此游客日容量只计算生态旅游区域，不计算服务区。旅游环境容量计算的是游览区内的游客在旅游资源与环境限度内的可持续发展，保证该地生态的完整性和文化的连续性的前提下，所能容纳的旅游者人数或旅游活动的强度，经综合分析测算，蟒河生态旅游区日游客容量约为2340人次，年游客容量为约为22.46万人次。

5.4.1.5 环境质量控制

(1) 认真贯彻执行有关环境质量标准、污染排放标准以及环境样品标准、环境基础标准等环境标准的规定，把环保工作列为保护区目标管理的重要内容之一，强化环境质量责任制。

(2) 保护区内目前尚无工业污染企业，禁止新建生产工艺(设备)落后、污染型企业。

(3) 逐步加大建设项目环境管理力度。强化建设项目环保第一审批权的地位，新扩、改建项目严格执行国家产业政策和建设项目环境影响评价制度，待环境影响评价通过后方可组织实施。

(4) 改变保护区燃料结构。生活燃料尽量采用沼气、液化气、光伏发电等能源，做到以电、气代柴。

(5) 沿公路两侧种植绿化带，以乔木、灌木、草地相结合，形成连续密集的隔离带，充分发挥林带的吸声作用。保护区各类设施安装的设备尽量采用静音设备。

5.4.2 资源保护利用规划

5.4.2.1 生态移民工程

协助地方政府开展生态移民。按照国家有关政策，鼓励居住在保护区核心区内偏远地区的居民进行生态移民，搬迁到生活条件较好的地方居住，一方面改善社区居民的生活水平，另一方面促进保护区的管理工作更易开展。根据《关于核查整改国家级自然保护区有关人类活动情况的通知》(晋林护发〔2018〕2号文件)中所提出的整改要求，对保护区核心区内存在人类活动的现象进行积极整改，结合当地国民经济和社会发展规划，采取居民外迁的方法解决。

保护区核心区内主要为押水行政村与蟒河行政村，在保护区成立前就已存在，其中押水行政村有10个自然庄在核心区范围内，蟒河行政村有2个自然村在核心区范围内，共计298户。据2017年的问卷调查，核心区内现有村民中80%有意愿搬出，本次规划核心区内以及边缘居民分两部分外迁，其中193户迁至保护区外，105户迁至实验区内，优先选择自愿且现居住条件差的居民逐年搬迁，进行妥善安置。

5.4.2.2 集体林地、土地赎买或租赁

按照国家对自然保护区管理的法律法规，随着生态移民的实施，保护区核心区内的集体林地、土地宜采取赎买或租赁的办法，由国家统一购买或租赁，国家投资、国家管理，使核心区得到严格的保护和管理。本项目与5.1.4林地、耕地保护规划结合实施。

5.4.3 社区共管规划

保护区应坚持"以保护为目的，以发展为手段，通过发展促进保护"的指导思想，在做好保护管理工作的同时，解决好自然保护与社区经济发展的问题，有计划、有目的地扶持社区发展多种经营，把自然资源优势转化为经济优势，开辟有利于保护的致富之路，使保护区建设与社区经济得到共同发展。

5.4.3.1 社区共管的原则和目标

(1) 社区共管的原则。坚持优先保护为前提，合理利用自然资源的原则；严禁以破坏自然资源为代价的经济发展活动的原则；严禁在核心区和缓冲区开展经营活动的原则；控制利用规模，利于自然恢复和保护的原则；经济发展项目的确定必须进行科学论证和评价，必须以三大效益的充分发挥为原

则；因地制宜，以发展地方特色产业项目为主，利于发挥保护区和社区自身优势的原则。

（2）社区共管的目标。通过对社区的扶持共管，实现保护区与社区经济共同发展，达到保护区自然资源的规范利用，提高保护区和社区自身经济实力，逐步实现以区养区，并探索保护区人与自然和谐共处、协调发展的模式，最终实现自然保护区和社区的可持续发展。

建立社区共管委员会，通过保护意识和法律法规公众教育，科学扶持社区发展，协助地方政府解决发展中的实际问题，使社区群众自觉地支持保护工作，介入保护区工作，以减轻对自然保护区的压力，使自然资源得到有效保护。

5.4.3.2 社区共管共建组织体系

（1）成立社区共管委员会。其成员由保护区管理局与重点村选派的管理员共同组成。规划与保护区内的6个村民委员会及周边2个乡镇建立共管组织，制定章程、公约并共同参与保护区管理计划的制定和实施，协调保护区与社区之间的关系，以保证社区共管措施的有效实施。双方共管保护区资源和护林防火工作，共商保护区重大问题及有关工作大计。

（2）成立社区共管志愿者组织。其成员由保护区管理机构征募的社区志愿者组成，由保护区统一领导和指挥，并负责对成员进行培训，积极争取更多的社区居民支持和参与，不断壮大志愿者组织的力量。

（3）加强与各类非政府环保组织的合作，充分发挥各种非政府组织的力量参与社区共管共建和自然保护。

5.4.3.3 社区共管共建项目

（1）社区就业和创业指导服务培训。为发挥保护区的科技、人才优势，帮助社区群众提高科学文化素质和服务水平，实现科学致富同。规划在蟒河生态科教基地，建设社区就业和创业指导服务中心。定期为社区居民在科学种植、养殖、生态旅游服务业、特色产品营销等方面提供专家服务和培训，提高经济效益，增加居民收入，改善生活水平。与政府有关部门携手，搭建平台，积极引导社区劳务输出，促进"外向型"经济建设。通过对社区居民进行诸如家政服务、物业服务、物流配送、园艺技术等外向型劳务技术培训，组织劳务输出，加大社区居民外出就业的空间。

（2）社区公益事业。建设污水处理站。解决蟒河村位于实验区内的村民的生活污水的排放问题，减少对保护区环境的影响。规划在保护区内蟒河后庄、黄龙庙，购买建设2处封闭一体式生活污水处理设备，这种设备集去除BOD_5、COD、$NH_3\text{-}N$于一身，技术性能稳定可靠，处理效果好，投资小，自动化运行，维护操作方便，最重要的是其占地小，不需盖房，不需采暖保温，封闭式不影响周围环境。通过铺设排污管道将生活污水收集汇入污水处理设备进行处理，达到可排放标准，排入居民农田或经济林种植地内。

推广节能工程建设。针对偏远自然庄的社区居民，推广节柴灶200个，改变保护区内居民传统的资源利用方式，提高保护区内社区居民的资源使用效率，减少薪柴过度利用，达到节能减排的目的。

在前庄新建木质桥一座，跨度15m，宽2m，方便前庄与东辿自然庄的通行，解决群众的生产生活困难。

（3）社区富民产业扶持。建设蟒河生态采摘园：由保护区监管、社区主导、自主经营，在后庄至庙坪地一带建立集生态、休闲、生产于一体的蟒河生态采摘园$1hm^2$，定期举办"蟒河采摘周"活动，帮助社区群众增强创收能力。采摘园建在蟒河保护区的实验区。

古村落摄影基地（志愿者之家）：位于实验区的南辿村依山傍水、古树环绕，石块垒筑的古朴民居是其主要特色，利用这一原生态乡村文化特色景观，保护区与蟒河村合力打造蟒河古村落摄影基地。

维持、沿用原有极具地方特色的村落布局，保存石头垒砌的围墙、原生态的自然水系，对老建筑进行必要修缮，对村内6株百年古树规划保护小区，予以精心保护。南迤以其独特的古居、古村为省、市摄影家及摄影爱好者提供古朴、生态、自然的摄影环境和题材，同时展示古村落的恢宏风貌和深厚的历史文化底蕴，通过举办摄影文化节、民俗艺术节等形式，利用村内空置房屋建立小型图片展览室，摄影爱好者可以将自己的摄影作品拿来展出，互相交流，通过艺术形式让更多人们被保护区的美景所吸引，从而提升保护区的社会知名度。同时古村落也是"志愿者之家"，为广大热爱公益事业的人员提供一处交流、沟通的聚集地，志愿者可以在此提出倡议，策划公益活动，讲述自己的志愿者历程，社区群众可以参与其中，共同将志愿者精神在此发扬。古村落摄影基地建在蟒河保护区的实验区。

5.4.3.4 社区产业结构调整规划

虽然保护区有着自身独特的优势，但由于资金缺乏及落后的传统观念，长期以来当地群众经济收入主要依赖种植业以及中草药采集，缺乏有效的脱贫致富方式，生活比较贫困。因此，应积极通过调整社区产业结构，建立生态型社区产业结构，为社区居民提供替代产业并增加收入，促进社区发展与自然保护相协调，保护区给予资金补助扶持，引导社区居民转变落后的生产经营观念。

规划从第一、二、三产业分别进行调整，以构建生态型社区产业结构。其中，第一产业以生态种植、养殖业为主，积极引导村民发展种植业，通过建设经济林基地以及种植各种经济作物，发展苗木花卉培育业、中草药种植业、生态养殖业、绿色有机蔬菜瓜果业，从源头改善利用自然资源的方式，规划增加经济林、中药材、森林蔬菜等种植面积 $10hm^2$，鼓励经济作物、经济林的种植。开展土蜂养殖项目，养殖土蜂3000箱，扶持社区群众致富。这个项目在保护区实验区内蟒河村集体林缘、农耕区内，结合现状，分散实施。第二产业发展以山茱萸、仿野生栽培食用菌类为代表的果品、中药材等产品的初加工，等时机和经济能力达到一定程度时，再进行深加工。第三产业开展生态旅游服务业，完善和提高旅游服务质量，在档次、品味及优势上做文章，多形式、多角度、多途径地进行宣传和开展项目。推出具有地方民俗、民风特色的服务项目，发展生态旅游服务业，增加就业机会，壮大地方经济。规划对原有的特色40户餐饮住宿服务接待点，均依托原有村落、自有房屋建设，不做新的建设和规划，保持乡土特色，进行规范管理，统一标准，规范经营。对居民和"农家乐"产生的污水，在2个污水处理站内进行集中处理。对生活垃圾进行统一收集，运出区外的垃圾站进行集中处理。

5.4.3.5 社区、周边居民的自然环境保护教集中育规划

通过对社区居民的教育，逐步提高其综合素质，为保护区及周边社区经济、社会、环境协调发展打下基础，更重要的是通过教育可以有效地提高社区居民生态意识和环境保护意识，主动参与到自然保护的行动中。

（1）加强对科普志愿者的宣传和培训。建立蟒河保护区科普志愿者动态档案，每年定期或不定期组织科普志愿者开展交流和培训，进一步增强他们的自然保护意识，带动保护区科普工作走到前列。

（2）提高社区居民的文化素质和劳动技能。保护区有关管理部门要积极协助当地政府安排并组织社区居民进行文化教育和技术培训，帮助社区每个劳动力掌握1~2项农业技术或专业技术，提高他们的劳动技能和生存竞争能力。

（3）提高社区居民自然保护的参与意识。社区参与是实现保护区持续发展的一个重要手段。采取编制教材，集中办班或个别走访相结合的形式，对他们进行自然保护知识宣传，提高居民的保护意识，促进他们自觉参与保护行动。

5.5 基础设施规划

5.5.1 局、站基础设施建设

5.5.1.1 局、站基建工程

保护区管理局自建立以来,已建成了办公、保护、科研、食宿等一批主要基础设施。但是,由于蟒河保护区现局址位于阳城县府南路,县政府中心广场和文体中心的紧邻地带,按照阳城县城建、文体规划,蟒河保护区局址规划为文体服务设施区,因此,保护区管理局机关迁出原址将是必须面临的现实问题。保护区管理局机关迁出现址,进行基础设施建设和完善,强化办公自动化、网络化建设,进行办公设备的改善升级,也是解决当前保护区面临问题的重中之重。对于各保护管理站的基础建设工程,重点放在设施、设备的维修与更新、办公现代化建设上来。

(1)管理局机关迁建规划。本期对保护区管理局迁址的规划是:在山西省阳城县政府的统一安排下,配合和服从县政府的整体规划,在完善国有资产管理手续,确保国有资产不流失的前提下,在阳城县政府统一规划地点,完成保护区管理局的迁建工作。考虑到迁址后,阳城县政府提供的地域仅能满足保护区临时办公条件的要求,因此,建设管理与科研相结合的综合办公楼应列入规划。

规划拟新建保护区管理局科研办公综合楼(科研中心与办公楼共建),总建筑面积1280m^2,其中管理局办公用房建筑面积500m^2,附属用房面积(包括库房、餐厅、卫生间等)180m^2,其余600m^2为科研中心,科研办公综合楼为3层砖混结构,配备办公设备。

(2)管理站建设规划。保护区管理局下设东山、蟒河、树皮沟、索龙4个保护管理站,其中东山保护管理站因核心区押水村有居民500多人,资源保护、森林防火等压力较大,经国家林业局批准,建设于核心区押水村。蟒河保护管理站位于保护区核心区蟒河村南河自然庄与河南交界处,距河南界不足300m,20世纪末两省交界偷砍滥伐、盗捕盗猎屡有发生,保护难度大,经国家林业局批准建设在蟒河村南河自然庄。目前4个保护管理站均已建成使用,可以满足日常工作与职工生活需要,本次规划前期各管理站在原有的建筑基础上进行必要的维护修缮。规划后期结合核心区居民分批外迁工作的实施,将东山保护管理站迁至花园岭外保护区入口处,新建管理站用房200m^2,其中主体办公用房面积120m^2,附属用房面积(包括库房、餐厅、卫生间等)80m^2,配备电脑、打印机、复印机等办公设备。蟒河保护管理站因紧邻南河的河南地界,紧邻的河南省九里沟正在做旅游项目,潜在的资源保护压力更大,暂时不建议搬迁。

5.5.1.2 供电与通讯规划

(1)目前管理局及各管理站供电设施良好,规划后期,随着管理局、东山保护管理站的搬迁重建,规划新建管理局后铺设输电线4km,建配电室1座;新建东山保护管理站铺设输电线6km,安装变压器1台。

当前保护区内居民用电容量只能满足基本用电需求,高峰期用电仍有不足,特别是辖区内蟒河、押水两村供电线路建于20世纪90年代初,线路老化、负载不足,年久失修,需对现有线路进行维修升级,改造为10kV线路。蟒河村需与阳城县供电局协商,提交申请,待审核通过后进行电网扩容,以满足居民用电需求,同时可为保护区长远发展提供保障。

(2)管理局机关地处阳城县凤城镇,有通信光缆直接接入,4个保护管理站附近均有移动电话基站和乡镇电话网。本期不再另行规划。

5.5.1.3 生活设施规划

（1）新建管理局科研办公综合楼铺设输水管道3km，排水管道3km；新建东山保护管理站铺设输水管道5km，排水管道6km，采暖工程1项。

（2）规划新建管理局科研办公综合楼接入阳城县城镇集中供暖、天然气管网。

（3）为保护管理站、管理点配备广播电视接收设备7套，其中：树皮沟管护站在上期已经配备，本期规划只配备保护区管理局机关、森林公安派出所，以及蟒河、东山、索龙等3个管理站和西冶、黄瓜掌2个管理点。

5.5.2 交通工具

为确保保护区巡逻管护、森林防火以及定点观测等工作的需要，拟配备一定数量的野外交通工具。目前，保护区管理局公用车辆均已在超年限使用后报废，仅依靠斯巴鲁合作项目提供的一辆斯巴鲁森林人SUV小汽车开展工作，该车由于使用频繁，已大修过多次，性状不稳定。本次规划管理局配备监测用车1辆，森林公安派出所配备执法用车1辆。各管理站、管理点、检查站配备车辆与5.1.4.2森林防火规划相结合，不再另行配备。

5.5.3 环境治理

5.5.3.1 绿化美化规划

（1）对保护区内的实验区村庄、道路进行统一的绿化美化规划设计，按设计施工，确保绿化美化科学合理。

（2）绿化要突出地方特色，种植具有保护区特色的植物，配置采用自然、不规则方式，并与周围环境协调。保护区实验区内居民区应因地制宜地栽种既有观赏价值，又有经济价值的干果林和药材林，既可以提高人均绿地占有率，又可以获得较好的经济效益。

（3）对保护区内沿路、沿线及游路路旁的林木严加保护，结合路旁植被恢复，实行乔灌草相结合的立体式护坡、护路绿化，并逐步实现公路、游路和乡村路林荫化。

（4）对实验区的村庄，应进行统一规划，重点突出环境设施建设，扩大绿地面积、净化、美化环境，力求村庄建设与保护区建设相协调。

（5）局、站址实施绿化美化工程600m^2。新建东山站建设污水和垃圾处理设施，为管理局和4个保护管理站配备健身器材各1套，共5套。

5.5.3.2 "三废"处理

（1）生活废水。按照相关规定，保护区内生活废水须经过生物处理达到国家排放标准后再排入水体。

（2）废弃物。"三废"处理将遵循尽量回收利用的原则，如不能再利用的"三废"物将按照科学化程序进行废物处理，"三废"处理将落实专人负责，按照相关的制度和措施来完成，同时采取广泛的宣传，教育社区群众和入区人员爱护环境，将"三废"物放到指定地点，集中分类处理。

（3）废气。严格控制汽车尾气污染，机动车辆须经环保部门检验，符合尾气排放标准后，持环保部门颁发的尾气排放合格证方可进入。保护区内部通勤车辆要使用电、气等清洁能源。同时倡导保护区内居民日常使用电、天然气、太阳能、沼气等清洁能源，改变以往以燃烧薪材、煤炭为主的生活习惯，对社区内炉具改造，推广节柴灶和沼气灶，减少生活废气的排放。

5.6 智慧保护区建设规划

为加快保护区智能化建设水平，满足建设发展需要，在整合现有资源的基础上，建好大数据平台，拟规划开展智慧保护区建设。

5.6.1 建设目标

利用现代化科学技术，以地理信息系统管理为基础，整合保护区资源、科研等基础数据，建设智慧化管理平台，实现各项工作的信息化、数字化，全面展示自然保护区基础数据和动态管理数据，从数据的采集、更新方面着手，为各级管理人员提供决策支撑，为业务人员提供数据支撑，为社区资源保护和经济发展提供信息支撑，为展示自然保护区建设成果，得到公众支持奠定良好的基础。

5.6.2 技术方案

5.6.2.1 建立基础数据底图

以国家林地保护"一张图"为基础，以保护区矢量化数据、数字 DEM、遥感影像、保护区功能区划数据、森林资源二类调查数据、动植物资源本底调查数据为主体，构建智慧保护区基础平台，并开发软件植入 Desktop 终端和手持移动终端。结合山西省林地变更调查，和自然保护区年度调查监测数据进行更新管理，实现保护区森林资源数据实时更新。

5.6.2.2 拓宽数据采集渠道

充分利用大数据、互联网、云计算、人工智能、北斗 COMPASS 导航定位仪等现代化先进信息技术手段，接入森林防火视频监控数据、野生动物红外线监测视频数据、各类生态监测数据、无人机监测数据。同时，为保护区管理人员和巡护人员配备手持移动终端，把手持移动终端的轨迹、影像、音频等调查记录数据输入平台，传送到各终端，实现资源保护的实时监控和管理。

5.6.2.3 统一建设标准

按照统一规划、统一标准、统一制式、统一管理的原则，通过整合资源数据、调查数据、监控数据、日常办公数据，为生物多样性保护提供更加丰富的数据支撑。

5.6.2.4 创建蟒河保护区官方微信平台

把蟒河保护区官方微信平台接入智慧保护区平台，拓宽保护区与社区公众沟通联系途径，及时发布保护区建设情况，全面了解社区公众对保护区发展的建议，了解社区公众在社会经济发展中对保护区的需求，为推进保护区社区共建共管，科学协调保护与发展的矛盾建立良好的沟通平台。

蟒河保护区智慧保护区平台建设由森林资源矢量图、智慧行政、智慧管护、智慧科研监测、智慧宣教和智慧共建等6个子系统构成。

所采用的技术路线：

依托智慧保护区平台，整合所有数据资源，构建强大的保护区视频监控系统，包括安防监控视频、防火监测视频、野生动植物监测视频、生态监测视频设备运行视频、日常巡护数据视频，所有的视频数据均根据用户权限集成，可在电脑端、移动端和室内大屏显示，并对异常情况及时预警。具体技术路线如下：

第 5 章　主要建设内容

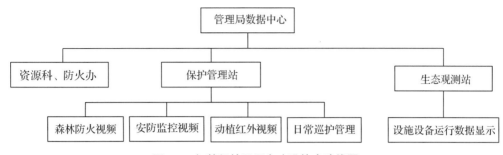

图 5-2　智慧保护区平台建设技术路线图

5.6.3　建设任务与内容

（1）基础平台建设。聘请有关软件公司开发蟒河保护区智慧保护区平台，采购 1 套信息化建设基础设施设备，包括计算机网络设备、服务器设备、信息安全设备、机房辅助设备、不间断电源、电脑、LED 显示屏，在科研办公楼内设置专用机房。

（2）资源一张图。把保护区自然资源科学考察成果、森林资源二类调查成果、林地变更年度成果、各种专项成果等数据按统一标准全面矢量化，从而形成保护区资源一张图，该图为智慧保护区平台基础数据底图。

（3）智慧行政。对保护区现有网站进行改造升级，利用保护区内部网络专线，连接各保护管理站、管理点，通过系统整合，以审批流转、公文发文、信息发布等为主要应用，全面实现无纸化办公，提高公文处理流通环节的工作效率。建设内容包括购置办公桌椅 50 套、空调 30 台、保密电脑 5 台、台式电脑 30 台、笔记本电脑 15 台、A3 激光打印机 2 台、扫描仪 2 台、照相机 10 台、电脑电视一体机 6 台、视频会议系统设备 1 套。

（4）智慧管护。包括资源巡护、森林防火、林业有害生物防治、疫源疫病监测。蟒河保护区资源监测包括保护区自行组织的野生动物科学考察研究、重要物种实时监测、日常巡护野生动物视频监控调查等。山西省林草局组织的森林资源二类调查、林地变更调查等。其中，保护区野生动植物资源综合考察成果、森林资源二类调查数据等是建设智慧保护区的平台底图，能够实现三维展示保护区资源分布状况。日常巡护监测和野生动物视频监控是利用信息化管理平台，通过日常巡护、收集野外巡护过程中发现的各类破坏森林资源情况，并通过信息平台传输到保护区管理部门，实现森林资源案件及时发现，及时处理。强化野生动物视频监控，通过系统布设红外线视频监控摄像头，实时向信息管理平台传输视频数据，便于全面开展保护区野生动物研究。购置以北斗 COMPASS 导航系统为平台的野外数据采集仪 40 套，安装相应的软件，完成智慧管护基础工作。

（5）智慧科研监测。以建设山西省省级生态定位监测辅站为契机，将生态定位数据传输到智慧平台，及时对数据进行分析。同时，对样地、样线的调查监测数据，及时进行上传，对极小种群野生动植物专项调查数据等也要及时上传，供使用分析。

（6）智慧社区。开通蟒河保护区微信，构建保护区管理人员、技术人员和社区群众互动平台，保护区将社区共建的有关要求和具体内容等信息及时向社区群众发布，社区群众及时把自己掌握的保护区资源情况向保护区报告，同时，也可以向保护区反映合理的诉求，促进保护区与社区的共建共管。将微信平台接入保护区信息平台社区共建子系统，将有关内容直接导入系统中，同时社区共建子系统将对保护区社区共建工作安排与实施情况进行管理。

（7）智慧宣教。组织技术人员制作宣传教育材料，包括森林资源保护、科学研究动态、野生动植物资源监测、社区共建等。系统中采集社会关心的资源数据、照片、视频等信息，以生态文明建设、人与自然和谐相处为主题，构建不同的专题，向社会公众宣传。在实验区，结合生态旅游，开展体验式宣教活动，通过设置展板、宣传标语、二维码等，向公众宣传教育。规划建设无线案例系统（免费WiFi或WAPI），灵活划分使用权限，保护区工作人员和社区公众的网络相互隔离，采用不同的安全策略，维护网络安全。按照公安部对公共场所上网的要求，设置网络防火墙，保证网络安全、信息安全。

第6章 重点建设工程

6.1 保护管理工程

6.1.1 保护管理体系建设

6.1.1.1 保护管理点

新建西冶和黄瓜掌2处保护管理点，每个管理点建筑面积100m²，共200m²，配备办公设备。在规划后期实施。

对现有的4个保护管理站进行维护，外墙做保温材料处理1630m²，其中蟒河500m²，东山450m²，树皮沟400m²，索龙280m²。完成内墙进行粉刷5000m²，更换4个保护管理站部分老化线路和水暖电设备，在规划前期实施。

6.1.1.2 保护管理站设备购置

巡护设备包括旋翼无人机2架，固定翼无人机1架，巡护电动自行车20辆，巡护、防火用车1辆。其他设备购置结合各专项规划完成。在规划前后期实施。

6.1.1.3 巡护步道维护

对20km的巡护步道，分期批进行路面清、路基维护，对塌方地段进行修补，使其发挥巡护步道、应急通道和野生动物兽道等3项功能。在规划前后期实施。

6.1.1.4 野生动物肇事补偿基金

每年投入15万元专项资金设立补偿基金，用于补偿野生动物对人畜和庄稼造成的损失。资金专款专用，严格按程序使用，待地方政府出台补助办法并予以群众补偿后，该项资金从原渠道返还国库。在规划前后期实施。

6.1.2 珍稀濒危野生动植物保护管理

6.1.2.1 珍稀濒危野生植物保护

对蟒河保护区内的国家、省重点保护的36种珍稀野生植物资源进行专项调查，采取围栏、挂牌、人工促进天然更新等保护措施，进行就地保护和监测。在规划前期实施。

在实验区庙坪、树皮沟建设珍稀植物种质资源圃6hm²。在规划前期实施。

在窟窿山脚的一片弃耕地共计7hm²进行人工辅助自然恢复，种植繁育成功的珍稀濒危野生植物，进行回归保护。在规划后期实施。

6.1.2.2 国家重点保护野生动物保护

在猕山建立猕猴观测站，拟对现有人工投食补给猴山的320只猕猴种群，通过减少直至不再投食，同时解决好该猴群对社区群众的危害，使其逐步野化回归。在规划前期实施。

在区内公路地段，建设3处动物通道，引导动物经过通道自由穿越公路，消除种群之间的阻隔。在规划前后期实施。

6.1.2.3 古树名木保护

对保护区内树龄100年以上的52株古树名木进行重点保护对东迦、南迦等古树名木较多的区域，进行整体规划和保护。在规划前后期实施。

6.1.3 保护管理专项规划

6.1.3.1 森林防火

建设12个视频监控点，4个保护管理站建设4个控制前端。在黄琊、苇步迦附近选择制高点，建设防火瞭望塔1座，高18米，底部5m×5m，上部4m×4m，共四层，采用钢、木、砼、石等材料建造，瞭望塔内配备瞭望、监控、报警和通讯设备。在规划后期实施。

更新现有防火微波监控铁塔3座，安装综合能力监控设备和微波监控设备。在规划前后期实施。

维修维护黄瓜掌至草坪地防火通道10km，在规划前后期实施。

购置扑火设备50套，包括扑火装备和安全防护装备等。在规划前期实施。

组建1支不少于20人的半专业扑火队，4个管护站扑火队伍整合，组建两支10人的应急小分队。冬防期和春防期在蟒河、桑林分别集结培训和演练，提高业务技能。在规划前后期实施。

6.1.3.2 林业有害生物防治

在树皮沟管理站设立林业有害生物防治室，购置保护防治设备1套，包括数码体视显微镜2台、智能人工气候箱2个、有害生物调查统计器6套、虫情测报灯2个、放大镜20个、培养箱6个等。在规划前期实施。

6.1.3.3 陆生野生动物疫源疫病监测

在沁河流域设立鸟类监测点并建立100m² 观测站，在规划后期实施。

购置拍摄鸟类单反相机(配备专用镜头)4台、高清数码摄相机2台、高倍望远镜6台、激光测距仪2台。在规划前期实施。

加强对外来物种本底数据调查收集，查清外来物种种类、分布，评估危害程度，建立预警机制。在规划前后期实施。

6.2 科研监测工程

6.2.1 科研项目规划

开展综合科学考察，在规划前期完成两栖类爬行类专项调查、鸟类专项调查、社区经济状况调查，完成栎类植被、蕨类植被、其他经济植物、昆虫等专项科考调查。在规划前后期实施。

按照山西省极小种群野生物种调查规划，开展保护区内6种极小种群野生动物，7种极小种群野生植物和兰科植物专项调查。在规划前后期实施。

开展保护区基础和应用科研项目8项。在规划前后期实施。

开展保护区工作整体评估及编制下一期总体规划。在规划后期实施。

6.2.2 资源及环境监测项目规划

开展保护区基础监测项目7项，购置100台红外相机进行辅助监测。在规划前后期实施。

在蟒河、窑头各建立 1 块 1hm² 样地开展自然生态环境监测，购置便携式气象、土壤、水文、生物监测设备进行监测。在规划前后期实施。

结合森林生态系统定位观测站的建立，建设坡面径流场、水量平衡场、测流堰等设施。在规划前后期实施。

科研标本制作工具 20 套。科研标本保管设备 1 套，包括标本柜、昆虫采集工具、标本制作工具、低温冷冻杀虫柜、加湿抽湿机、防尘防潮箱等，同时增加标本种类、增设展览柜。在规划前后期实施。

加强科研项目和科研档案管理。在规划前后期实施。

6.3 公众教育工程

(1) 生态文明科教基地。对现有标本馆内进行装修改造，改建升级 500m²，建设生态文明科教基地。在规划前期实施。

(2) 科普宣教小径。建设树皮沟至猴山 8km 科普宣传小径，悬挂树木标识二维码牌 1000 块。重点围绕猕猴种群保护开展宣传，建设猕猴宣教文化长廊，安放电子宣教设备。在规划前后期实施。

(3) 公众教育设施、设备。配备高清 LED 显示屏等相关设备，制作画册、图书、光盘等宣传材料，收集建立保护区宣教资料数据库，建立公众教育平台。在规划前后期实施。

(4) 教学实习基地。在蟒河镇桑林村改造原有房屋 800m²，安置 100 个床位，配备食宿设施等，建立教学实施基地。在规划前期实施。

6.4 可持续发展工程

6.4.1 资源保护利用

(1) 生态移民工程。协助地方政府开展生态移民，对核心区范围内的 298 户 778 口居民进行生态搬迁，其中 193 户迁至保护区外，105 户迁到保护区实验区。在规划后期实施。

(2) 集体林地、土地赎买或租赁。对生态移民后核心区的 280.38hm² 耕地，结合地方政府生态移民的实施，对集体所有的耕地、林地进行赎买或租赁，维护保护区管理的完整性。在规划后期实施。

6.4.2 社区共管工程

(1) 社区公益事业。在后庄、黄龙庙分别建设 1 处污水处理站，每处购置安装 1 套封闭一体式生活污水处理设备，共安装 2 套。推广节柴灶 200 个，在前庄新建木质桥一座，方便群众出行。在规划前后期实施。

(2) 社区富民产业。建设蟒河生态采摘园 1hm²、在南迩建古村落摄影基地(志愿者之家)等。在规划前后期实施。

6.4.3 社区产业结构调整

第一产业以生态种植、养殖业为主，增加经济林、中药材、森林蔬菜等种植面积 10hm²，开展土蜂养殖 3000 箱。第二产业以发展以山茱萸、仿野生栽培食用菌类为代表的果品、中药材等产品的初加工。第三产业开展生态旅游服务业。在规划前后期实施。

6.5 基础设施建设工程

6.5.1 局、站建设工程

(1)保护区管理局机关迁建。新建保护区管理局科研办公综合楼(科研中心与办公楼共建),总建筑面积1280m^2,其中管理局办公用房建筑面积500m^2,附属用房面积(包括库房、餐厅、卫生间等)180m^2,其余600m^2为科研中心,科研办公综合楼为3层砖混结构,完善办公设备。在规划前期实施。

(2)东山保护管理站迁建。将东山管护站迁至花园岭外保护区入口处,新建管理站用房200m^2,其中主体办公用房面积120m^2。在规划后期实施。

6.5.2 供电与通讯规划

规划管理局迁建后,铺设输电线路4km,建立管理局机关配电室1座。在规划前期实施。

东山保护管理站迁建后,铺设输电线路6km,安装变压器1台。在规划后期实施。

6.5.3 生活设施规划

新建管理局科研办公综合楼铺设输水管3km,排水管3km。在规划前期实施。

新建东山管护站铺设输水管5km,排水管道6km,东山站采暖工程1项。在规划后期实施。

为保护管理站、管理点配备广播电视接收设备7套;局、站址实施绿化美化工程600m^2。在规划前后期实施。

东山站建设污水和垃圾处理设施1套,为管理局和4个管护站配备健身器材各1套,共5套。在规划前后期实施。

6.5.4 交通工具

管理局配备监测用车1辆,森林公安派出所配备执法用车1辆。在规划前期实施。

6.6 智慧保护区建设工程

建立集保护管理、日常巡护、森林防火、有害生物防治、疫源疫病监测、科研监测、公众教育、社区共管、行政办公等于一体的智慧保护区平台。

建设智慧保护区基础平台建设1个,采购1套信息化建设管理设施设备,改造升级现有保护区网站;建设行政管理子系统,购置办公桌椅50套,空调30台,保密电脑5台,台式电脑30台,笔记本电脑15台,A3激光打印机2台,扫描仪2台,照相机10台,电视电脑一体机6台,视频会议系统设备1套;购置北斗COMPASS导航野外数据采集仪40套及其相应的软件开发;建设无线WiFi或WAPI安全系统。在规划前后期实施。

第 7 章 管理机构与能力建设

保护区的发展，人是关键因素，只有充分发挥人的主观能动性，才能提高工作效率。因此，除完善基础设施，提供良好的工作、生活条件外，还必须科学合理地设置机构、配置人员，完善人事管理，建立激励机制，充分调动广大职工的工作积极性，促进保护区各项工作的顺利开展。

7.1 管理机构

7.1.1 管理机构设置原则

（1）高效、科学的原则。为实现保护区的现代化管理，促进保护区可持续发展，保护区应以提高职工的工作效率为目标，全面加强保护和管理，坚持机构设置的合理性和运行的高效性。

（2）稳定、提高、精干的原则。根据保护区目前职工就医、子女上学、家属就业难，生活不便，条件艰苦，外引人才难度大以及保护区现有科技人员比例偏少等实际情况，首先要改善生活和工作条件，稳定现有职工队伍，并采取有效措施提高职工队伍的素质，积极稳妥地引进高素质人才。

（3）全面、合理、发展的原则。保护自然资源是保护区的中心任务，开展科学研究和探索合理利用自然资源的途径也是重要的两项工作，因此，保护区的机构设置和人员编制应该有利于保护区的全面保护、合理利用、协调发展。

7.1.2 管理机构

蟒河保护区管理局下设办公室、资源保护室、科研技术室、计划财务室等 4 个职能科室，和树皮沟保护管理站、东山保护管理站、蟒河保护管理站、索龙保护管理站 4 个基层保护管理站，保护区管理机构及职能见表 7-1。

表 7-1 蟒河保护区管理机构及职能

科室名称	职 能
办公室	负责行政、后勤、会务接待、文书收发、档案管理、车辆调配，以及党务和"三基"建设等工作
资源保护室	负责保护区自然资源和自然环境的保护、森林防火、安全生产、综合治理、宣传教育、保护管理站日常管理、林业有害生物防治等方面的工作。内设防火安全综治办公室
科研技术室	负责保护区的科学研究工作，重点做好应用科学研究和推广，着力开展以生物多样性保护为主的基础科学研究，抓好猕猴种群监测和栖息地保护，制定有针对性的保护策略；为野生动物救护提供技术支撑，开展生态宣教。内设救护中心、科研标本室
计划财务室	负责单位财务管理，做好财务计划、经费使用等工作，执行内控严管各项程序，协调完成项目资金使用
保护管理站	负责保护管理站辖区内的森林资源保护工作，开展社区共建共管宣传教育，做好防控管理的基础工作

保护区管理局核定编制为 15 人，实际在岗人数 36 人，其中聘用人员 21 人。在册人员中，局长 1 人，副局长 2 人，办公室 2 人，资源室 2 人，科研室 2 人，财务室 2 人，一线管护人员 4 人；其中研究

生学历 1 人,本科学历 5 人,大专学历 5 人;林业高级工程师 1 人,工程师 2 人,助理工程师 4 人。蟒河保护区在职人员配置情况表详见表 7-2。

表 7-2 蟒河保护区在职人员配置情况表

科 室	在册人员	临时聘用人员
局领导	3	
办公室	2	
资源保护室	2	4
科研技术室	2	1
计划财务室	2	1
保护管理站	4	15
合 计	15	21

本期规划蟒河保护区管理局由副处级升格为正处级事业单位,内设综合管理科、计划财务科、保护宣教科、科研监测科 4 个职能科室,规划为正科级。综合管理科内设行政办公室和党建办公室,计划财务科内设资产管理室,保护宣教科内设资源管理室、科普宣教室,科研监测科内设监测办公室、动物救护室、珍稀植物扩繁室,内设科室规划为副科级。保护区现下辖的 4 个管理站规划为副科级。森林公安派出所按山西省森林公安管理体制进行变动。

7.2 人员配置

蟒河保护区现核编人员较少,一人多岗兼多职,管理工作任务较重,如社区共建管理、珍稀植物扩繁、科普宣教等均无专职人员负责。而保护区资源保护管理的一线人员也很少,只能通过聘用临时人员解决。应按照实际情况适当增加编制和保护管理人员聘用经费,以确保保护职能的有效发挥。

规划全局事业编制调整为 30 人,若受政策因素不能调整,则在原编制 15 人的基础上,采用聘用的方式增加 15 名工作人员,拟聘用临时人员 27 人,规划完成各项工作需 57 人。拟规划编制人员中,管理局领导 3 人(局长 1 人,副局长 2 人),综合管理科 9 人,计划财务科 4 人,保护宣教科 5 人,科研监测科 13 人,保护管理站 4 人。具体机构和人员规划见表 7-3。

表 7-3 山西阳城蟒河猕猴国家级自然保护区机构和人员规划表

科室及内设		小计	拟规划编制人员	拟聘用临时人员
局领导		3	3	
综合管理科	行政办公室	7	4	3
	党建办公室	2	2	
计划财务科	资产管理室	4	4	
保护宣教科	资源管理室	3	3	
	科普宣教室	2	2	
科研监测科	监测办公室	4	4	
	动物救护室	5	2	3
	珍稀植物扩繁室	4	2	2
保护管理站		23	4	19
合 计		57	30	27

7.3 任务和职能

7.3.1 任务

(1) 宣传、贯彻执行国家有关林业和自然保护区的法律、法规和方针政策。

(2) 保护区管理局应加强法制建设，结合实际起草保护区管理办法，报请地方人大或地方政府批准颁布实施。

(3) 保护和发展蟒河保护区自然环境和自然资源，做好护林防火工作，依法查处破坏区内生物资源和自然环境的违法行为及其责任人。

(4) 积极加强内部管理制度的建设，建立健全包括人事、财务、巡护检查、岗位责任等规章制度，切实做到用制度管人，按制度办事。

(5) 保护区应根据总体规划各阶段建设任务，在保护好资源的前提下，统一认识、加强协调、周密部署、强化监督，及时组织有关人员编制保护区的管理计划、工程设计及各年度计划任务。

(6) 定期组织自然环境和自然资源调查，建立自然资源档案制度；开展保护区科学研究、科普宣传教育，扩大对外科技交流，探索自然演变规律及合理利用生物资源的科学途径。

(7) 依法开展自然保护区生态旅游，增强保护区公众宣教能力；扶持区内群众发展经济，正确处理保护与发展的关系，逐步建立和谐的自然保护区社区共管体系。

(8) 做好区内林地管理，稳定林地权属。

7.3.2 职能

(1) 自然保护区管理局领导：负责保护区全面的综合管理工作，贯彻落实上级主管部门的有关精神，执行国家、地方有关保护区的政策、法律和法规，会同辖区乡镇村共同做好保护管理工作；进行保护区重大事项的科学决策，并协调配置各科室的人力、财力资源；指导、监督和考核各科室、管理站的工作业绩，进行干部的奖惩；制定切实可行的干部、员工管理办法及考核制度；严格审核、监督各项财政经费的开支。会同县乡两级政府和有关部门建立森林防火联防组织，做好森林防火工作；定期组织自然资源的调查，并做好监测、保护、科研等工作；负责编制保护区总体规划和近、中远期建设发展规划及实施；配合地方政府合理妥善安排社区建设和区内村民的生产、生活等。

(2) 综合管理科：负责劳务用工、社会保障、关系协调、信息传达、筹办会议、行政接待、文秘及后勤设施建设等工作；制定机关管理和后勤服务管理办法，加强文件和档案管理。落实上级主管部门及局领导交给的其他任务。

(3) 计划财务科：负责项目计划、统计财务、基建、资产管理、项目绩效评估等工作。严格执行《中华人民共和国会计法》以及其他财经制度与纪律，制订预算计划和用款方案等财务管理制度，准确及时地处理来往账目，管好用好固定资产；负责基本建设和资金财产的统计、报告等工作，负责保护区基建工程的招标、监督与管理以及资金筹措、立项、施工监督、竣工验收。

(4) 保护宣教科：负责保护区自然资源的保护管理、防火工作；掌握保护区的资源消长变化，资源结构变化及野生动植物资源的分布与变化趋势；贯彻执行国家有关自然保护的方针、政策和法规，建立健全自然资源保护的规章制度，做到有法可依，有章可循；监督、检查、指导各管理站、管理点的工作，制定相应的环境保护计划和森林保护管理措施，全面完成第一线的保护管理任务。负责资源管理方面的防火、宣传、教育、培训等工作；加强对周边及外来人员的保护法规、森林防火知识的宣传教育。

（5）科研监测科：负责保护区科研项目的计划、可行性论证、上报审批，完成科研项目的实施管理、成果的评估、建档和推广工作，做好科技信息的收集、科技资料管理和资源环境定位观测等工作；积极开展生物多样性保护的科研和监测工作，掌握国内外有关自然保护区建设方面的科技信息，加强对外的科技交流和合作。

（6）管理站：负责辖区内野生动植物资源保护，并随时与其他管理站、管理点保持联络，以便配合工作；负责本辖区内野生动植物的日常管护、巡山护林、森林防火、社区共管等工作。负责对进出保护区的人员、车辆进行检查，严格查处盗伐木材和偷猎野生动物违法行为，严防危禁物品、外来物种进入保护区；切实做好动植物资源出入区检查、登记工作，协助保护宣教科和森林公安派出所查处动植物资源的贩运、贩卖等不法行为。

（7）森林公安派出所：负责保护区内治安、消防，预防和打击偷砍盗伐乱捕滥猎，做好林业执法以及安全生产、综合治理、禁毒铲毒日常监管等工作。

7.4 能力建设

自然保护区建设与发展中，能力建设至关重要。工作人员的自身能力、业务水平等综合素质决定了保护区各项工作开展的效率和质量。只有大力开展保护区工作人员的能力建设，提高综合素质和工作能力，才能有效发挥工作人员的积极性和主动性，推动保护区科学高效、稳定地发展。所以，保护区工作人员的能力建设是保护区工作中的重要内容。能力建设主要结合保护区人员的素质和实际情况，每年制订培训计划，准备培训资料，按计划开展培训工作，培训费用纳入保护区项目预算。主要采取以下方式：

（1）保护区职工素质教育。结合保护区人员现状，采取多种方式，聘请专家学者对职工进行森林生态环境、野生动植物保护知识教育，鼓励职工参加成人教育，鼓励专业技术人员继续深造，进一步提高他们的专业技术水平。同时，分类别进行教育。对于管理人员，重点教育内容是：林政管理、林业和自然保护区相关的法律法规，国内外自然保护区现状和先进经验、制度。对于管护人员，重点教育内容是：识别野生动植物、巡护设备使用、数据选取和记录、野外工作常识、社区调查、独立实践能力，农村工作能力和工作技能，社区共管知识及能力、参与式管理新理念和参与式工作方法、组织资料收集。对于专业技术人员的能力培训，制订继续再教育计划，鼓励职工参加大专院校函授学习、自学考试、攻读高等级学位等，提高专业技术人员的业务水平。要制定专业技术人员和技术骨干能力建设计划，积极创造条件，让他们走出去，参加各种学习培训、经验交流，以开拓视野。积极鼓励专业技术人员申请各类项目，鼓励他们参与到各类调查项目和合作项目中，在实践中学习锻炼，提高业务水平和实践能力。制定人才培养计划，发挥业务骨干作用，指导并带动保护区其他人员的积极性，增强科研技术和实践力量。

（2）职业技术培训。自然保护区是综合性的学科，专业性较强，提高保护区工作人员的业务水平，是生物多样性保护的重要环节。规划通过专项职业技术培训，培养专业人才，通过培训提高职工素质和业务能力。

（3）自学提高。为保护区工作人员订购相关的科技报刊和杂志、书籍，购买更新学习资料数据库，并利用多媒体、互联网等鼓励职工自学，增长知识。

(4)志愿者培训。每年对志愿者进行专题培训,提高他们宣传自然保护的技能和水平。

(5)培训项目规划。开展干部职工培训2000人次,其中:前期1000人次,后期1000人次。开展管护人员培训3000人次,其中:前期1500人次,后期1500人次。开展志愿者培训2000人次,其中:前期1000人次,后期1000人次。开展社区居民培训4000人次,其中:前期2000人次,后期2000人次。

第8章 投资估算与效益评价

8.1 投资估算

依据《自然保护区条例》《自然保护区总体规划技术规程》(GB/T 20399—2006)《自然保护区工程项目建设标准(建标 195—2018)》《自然保护区功能区区划技术规程(GB/T 35822—2018)》《自然保护区管护基础设施建设技术规范(HJ/T 129—2003)》要求,结合蟒河保护区实际,对规划建设内容,进行严格的项目经费概算。

8.1.1 估算依据

(1)《自然保护工程项目建设标准》(建标 195—2018);
(2)《自然保护区管护基础设施建设技术规范(HJ/T 129—2003)》;
(3)《山西省建筑安装工程概算定额》(2009 年);
(4)《山西省建设工程计价依据》(2011 年);
(5)《公路工程预算定额(JTG/T B06—02—2007)》;
(6)山西省林业厅《林业工程项目管理资料汇编》(2017 年);
(7)山西阳城蟒河猕猴国家级自然保护区实际工程建设技术经济定额指标及苗木市场询价;
(8)国家发改委、建设部《建设工程监理与相关服务收费管理规定》;
(9)国家计委、建设部《工程勘察设计收费管理规定》(2002 年修订本)。

8.1.2 估算范围

本规划仅估算蟒河保护区基本建设工程投资。

对于生态移民、生态补偿和购买或租赁集体林地、土地的费用,涉及国家和省有关政策,结合实际发生情况执行,本规划不予估算投资;对于涉及保护区森林生态定位观测辅站的综合观测铁塔、坡面径流场、水量平衡场等,拟结合申请山西省生态定位观测辅站工程项目予以建设,本规划不予估算投资;对于生态旅游项目,本规划仅进行项目规划,不予估算投资;对于区内方便群众出行的木质桥建设、采摘园等仍由社区投资,社区群众从事的林副产品加工项目等,本规划不予估算投资。

8.1.3 投资标准

依据相关估算指标,参照当地实际造价进行估算。详见附表9《山西阳城蟒河猕猴国家级自然保护区工程建设投资估算与安排表》。

8.1.3.1 工程其他费用与预备费用计算

(1)咨询费按《建设项目前期工作咨询收费暂行规定》计算；

(2)勘察设计费按《工程勘察设计收费标准》计算；

(3)建设单位管理费按《基本建设财务管理规定》计算；

(4)工程监理费按《建设工程监理与相关服务收费管理规定》计算；

(5)环评费按《建设项目环境影响咨询收费标准》计算；

(6)招投标费按《招标代理服务收费管理暂行办法》计算。

8.1.3.2 具体取费标准

(1)咨询费按工程建设费的0.20%计算；

(2)勘察设计费按工程建设费的2.75%计算；

(3)建设单位管理费按工程建设费的1.16%计算；

(4)工程监理费按工程建设费的2.24%计算；

(5)环评费按工程建设费的0.11%计算；

(6)招投标费按工程建设费的0.33%计算；

(7)预备费按工程建设费和其他费用之和的3.00%计算。

8.1.4 投资估算

工程建设总投资6355.24万元，其中：工程建设费5781.00万元，占总投资的90.96%；工程建设其他费389.14万元，占总投资的6.12%；预备费185.10万元，占总投资的2.92%。

按费用组成分，其中：建安工程1099.50万元，占工程建设总投资的17.30%；设备购置1626.50万元，占25.59%；其他3629.24万元，占57.11%。

8.1.5 资金筹措

按照中央财政资金管理办法和山西省财政资金管理实际，本规划期内，属于保护发展性质的保护管理、科研监测、公众宣教、社区共管、基础设施、智慧保护区建设的资金，由中央和省财政共同承担，按比例配套解决，其中国家投资比例90%、省财政配套比例占10%。本规划期内建设项目总投资的6355.24万元，申请中央建设资金5719.72万元，地方财政配套资金635.52万元。

按实施期限分，其中：前期(2019—2023年)3281.12万元，占工程总投资的51.63%；后期(2024—2028年)3074.12万元，占48.37%。

8.1.6 行政事业费测算

按照《自然保护区总体规划技术规程》(GB/T 20399—2006)规定，事业费测算"依据保护区事业费支出现状及保护区组织机构调整和编制情况，分别对工资、职工福利费、社会保障费、公务费等逐项进行测算，并视工资水平、物价指数变动情况，逐年予以调查"。

根据保护区管理局近3年(2015—2017年)来事业费支出项目，测算保护区目前的年度事业费，如表8-1蟒河保护区2015—2017年度事业费测算表。

表 8-1 蟒河保护区 2015—2017 年平均事业费情况表

单位	职工人数（人）	年度事业费(万元)				备注
		合计	社会保障和就业支出	农林水事务	住房保障支出	
蟒河保护区	15	162	24	123	15	平均年度总额
	人均	10.8	1.6	8.2	1	人均年度事业费

表 8-1 可见，保护区目前 15 名工作人员的年度事业费测算为平均每年 162 万元，人均 10.8 万元。以此推算，保护区未来 30 名（新增编制 15 人）职工一年的事业费为 324 万元，见表 8-2 蟒河保护区 2019—2028 年度事业费测算表，在实际执行中，应考虑恩格尔指数的变化，视职工工资的增幅、物价指数变动等情况，逐年予以调整。

表 8-2 蟒河保护区 2019—2028 年度事业费测算表

项目	人数(人)	合计(万元)	社会保障和就业支出(万元)	农林水事务(万元)	住房保障支出(万元)
预测指标（人均）	1	10.8	1.6	8.2	1
预测结果（全局）	30	324	48	246	30

8.2 效益评价

通过总体规划各建设项目的实施，保护区在保护、科研、宣教、合理利用等方面的功能将得到充分的发挥，各项事业也将上新台阶、新水平，保护区将跃居全国先进水平自然保护区的行列，从而为人类自然保护事业和自然科学研究事业做出更大的贡献，更好地发挥保护区的生态效益、社会效益和经济效益。

8.2.1 生态效益

蟒河保护区有着典型的地貌和独特的自然气候，在保护自然资源、生物资源和发挥涵养水源、调节气候的生态功能上具有突出效益，特别是对珍稀植物群落的保护和种质资源的延续上具有重要价值。其生态效益主要体现在以下几个方面：

8.2.1.1 保存丰富的生物物种基因

野生物种具有为改善经济物种提供基因材料的潜力。蟒河保护区丰富的生物资源，反映了当地生态系统的本底的丰富，以及其物种多样性和遗传多样性，特别是存在很多山西省重点保护物种，为全省的生物多样性保护提供了基因库。自然保护区的发展，保护措施的不断完善，将有效地维护保护区生物物种长期稳定，保护区内的植被质量必将进一步得到提高，珍稀濒危物种必将得以繁衍发展，成为重要的生物资源保护基地。

8.2.1.2 涵养水源、保持水土

森林对降水具有再分配的作用，并且林地的枯枝落叶层和腐殖质层具有强大的蓄水功能。保护区的森林覆盖率达 88.29%，据有关资料表明，每公顷林地每年持水量达 2000m^3，如果每立方米水以 0.67 元替代价作为蓄水效益的计算指标，仅保护区的森林每年可有效蓄水 1200 万 m^3，则每年水源涵养效益达 800 万元。

同时，森林具有水土保持的作用，森林植被具有拦截降水，降低其对地表的冲蚀，减少地表径流。

有关资料表明，同强度降水时，每公顷荒地土壤流失量 75.6t，而林地仅 0.05t，流失的每吨土壤中含氮、磷、钾等营养元素相当于 20kg 化肥。保护区内的森林每年可减少土壤总流失量大约 34 万 t，仅按减少土壤养分损失同比计算，每年的保土价值约为 400 万元。

8.2.1.3 净化空气和水质、调节气温

据测定，高郁闭度的森林，每年每公顷可释放氧气 2.025t，吸收二氧化碳 2.805t，吸尘 9.75t。茂密的森林对净化空气的作用十分显著，据此计算，保护区内森林每年仅森林释放氧气的价值就高达 500 多万元。保护区内的林地对地下径流的过滤和离子交换功能起到了水质净化的效果，从森林区域内流出的溪水不但清澈凉润，而且甘甜可口，适宜饮用。保护区内的森林对于调节气温也有着十分显著的作用，森林庞大密集的树冠，阻拦了太阳辐射带来的光和热，大约有 20%~25% 的热量被反射回空中，约 35% 的热量被树冠吸收，树木本身旺盛的蒸腾作用也消耗了大量的热能，所以森林环境可以改变局部地区的小气候，据有关资料显示，在骄阳似火的夏天，有林荫的地方要比空旷地气温低 3~5℃，而在冬季，有林地区要比无林地区的气温高出 2~4℃。因此，保护区内的森林具有较高的调节气温的功能。

8.2.1.4 美化环境、保健疗养

保护区内森林环境优美，空气清新，含氧量高，细菌含量低，灰尘少，噪音低，空气中负离子含量高，加上区内丰富的景观资源，为人类提供了良好的生态旅游体验地。

8.2.2 社会效益

（1）生物多样性保护和科普宣教的理想场所。保护区有着得天独厚的自然地理条件和丰富的生物资源，地带性成分与过渡性成分在蟒河区系中都比较明显，这在全球同纬度带中具有典型性和代表性。保护区内的生物资源，是人类共同的财富。保护区的建立和发展，将为人类永久地保留这些资源作出贡献。同时，保护区丰富的自然资源、景观资源又成为生物科学研究、教学实习、科学知识普及与生态体验的理想场所。

（2）促进保护区及周边地区经济的发展。随着规划的实施，将推动地方经济的发展，区内及周边地区的居民生活水平将逐年稳步提高，从而稳定了安居乐业的局面，增进了人与环境的和谐。在增强自身经济实力的同时，相关产业有望得到发展，又可为当地剩余劳动力提供就业机会。

（3）遵照生态文明建设的六项原则，提高全民环保意识。坚持人与自然和谐共生、绿水青山就是金山银山等习近平新时代生态文明建设六项原则，对人们进行自然保护宣传教育和科普教育，唤起公众的自然保护意识，激发人们热爱大自然、热爱祖国的强烈情怀。

8.2.3 经济效益

在保护区内开展种植业、养殖业、生态旅游服务业等可持续发展项目，可缓解保护区与社区经济发展的矛盾，增强保护实施能力，提高保护区保护、管理、科研水平。同时可持续发展项目的建立，将有效增加第一产业和第三产业的服务人员、导游人员、管理人员、农副产品供应者、环卫人员、手工艺工人等，将有效增加社区和居民的经济收入，社区经济结构将得到科学调整，自然资源将得到可持续利用。同时，周边地区经济的发展将服务国家精准扶贫建设，帮助群众脱贫致富，使群众生活逐步步达到小康水平，为全面建设小康社会、建设美丽中国做出积极的贡献。

第 9 章　保障措施

为使总体规划顺利有效地实施，必须建立保障体系，除现有的法律、法规外，还应该有相应的政策、组织、资金、人才、管理等保障措施。

9.1　政策保障

9.1.1　国家和地方相关法律、法规

坚决贯彻执行《中华人民共和国森林法》《中华人民共和国野生动物保护法》《中华人民共和国环境保护法》《中华人民共和国自然保护区条例》等有关法律、法规和省人大、省政府、省自然资源厅、省林草局的有关规章和规定。保护区也制定了的一系列规章制度，今后还要根据中央和地方法律法规，制定各项法规实施细则，进一步完善法治体系，使保护区的建设与管理走上规范化、法制化、制度化的轨道。

9.1.2　特殊优惠政策

目前，有关保护区的特殊优惠政策由于种种原因没有很好实施，与保护区的发展相比，呈严重滞后局面，今后要争取各级政府出台各种相应的优惠政策，如在行政事业性收费中加大收取保护管理费的额度，以及减免林业的税金费，争取无息和低息贷款，支持可持续发展等方面给予优惠，以扶持保护区的发展。

9.2　组织保障

9.2.1　确定组织机构

建立科学的组织管理体系，实行局长负主责、班子成员分工负责的管理制度，坚持民主集中制，负责做好管理工作，及时做出重大决策，领导并促进整体工作；各科室负责完成各自责任范围内的工作；基层保护管理站、管理点负责实施布置的具体任务。

9.2.2　规范运行机制

根据保护区的性质，实行法定代表人责任制。在管理局、科室、保护管理站等不同管理层次明确责任与义务，分别实行岗位责任制或目标责任制。并建立一套完善的人员选聘、任免、成绩考评奖惩制度，以确保组织的高效运行。

9.3 资金保障

9.3.1 资金管理制度

为了加强建设项目的资金管理，提高工程建设质量，确保工程按进度顺利实施，需建立、健全完善的资金管理办法，明确规定项目资金的使用范围，实行专款专用，独立核算，绝不允许挤占挪用、截留、拖欠或改变投金方向。

9.3.2 资金报账制度

严格执行资金报账制度，领导层和财务部门要严格把关，杜绝不合理支出。在建工程项目，要按规定时间掌握工程建设进度和资金使用情况，项目资金需经审核后方可报账。

9.3.3 资金审计和监督

要从源头抓起，加强资金使用的跟踪检查和审计。项目资金要及时拨付到位，严格把关，确保资金的合理有效使用，并接受上级有关部门的审计监督。

9.4 人才保障

9.4.1 竞争上岗原则

竞争上岗的原则为：公开、公平、公正，优胜劣汰、能上能下的原则。

9.4.2 岗位培训和持证上岗

为保证职工能胜任本职工作，职工上岗前要对其进行岗位培训，并经考试合格后方能上岗。职工上岗后，也要结合科普宣教、管理技能、社区共建等培训计划，对其进行定期或不定期的轮训。对于国家或行业主管部门明确规定需要有相应资格、资质的岗位，则必须持证上岗。

9.4.3 岗位激励和奖励机制

为激发职工爱岗敬业的热情、调动职工的工作积极性，应建立岗位考核制度，把岗位考核结果与劳动报酬、奖励、惩处挂钩。对模范履行岗位职责，在本岗位做出突出贡献的职工，要通报表扬并奖励，在工资奖金、职称晋升、培训进修等方面优先考虑。同时，对不履行岗位职责或不称职的职工进行警告、调离乃至辞退等处理。

9.5 管理保障

9.5.1 强化依法管理

健全法制，完善森林公安综合执法管理，依法治区。严格执行国家和地方有关自然资源保护的政策、法律、法规、条例，切实保护生物多样性和保护区的国家财产不受侵犯，加强森林公安执法队伍建设，及时查处各种违法和破坏案件，确保保护区各项工作的顺利开展，使保护区工作真正步入法制化、规范化轨道。

9.5.2 强调科学决策

自然保护区管理和建设是一项涉及多领域的系统工程，为了使各项工程建设顺利进行，必须进行科学决策，特别是总体目标与重点工程建设等重大事宜，要进行科学论证，确定目标，制定行动方案，经集体研究并邀请相关领域的专家进行分析、审核、评审，通过后再行实施。

9.5.3 鼓励引入先进管理措施

（1）实行目标管理责任制：把总目标与任务进行自上而下层层分解，最终落实到个人，并进行严格的考核评价，以确保目标的全面完成；

（2）建立有效的信息管理系统和监测系统；

（3）推行项目资本监管制、项目法人责任制、工程建设招投标制；

（4）实行规范化管理，严格按规划立项、按项目管理、按设计施工、按标准验收；

（5）要实行工程项目质量监督和责任追究制度，实行资金流向和使用审计制度，确保投资效益；

（6）对经营性和服务性项目，要大力推行集体和个体承包制，实行集中监管、个体经营，对社区发展项目鼓励民营民办，建立多元化的市场主体，激活市场活力。

9.5.4 加强资源和资产管理

对保护区自然资源按照生态红线保护要求和三个功能区的分区原则严格管理。对要求形成固定资产的及时建立资产台账和档案，加强资产管理，区别固定资产和一般资产的分类管理，做好维护、更新和处置工作。

下篇

基建项目可行性研究报告

第10章 总 论

10.1 项目提要

10.1.1 项目名称

山西阳城蟒河猕猴国家级自然保护区基础设施建设项目。

10.1.2 项目建设单位及法人代表

建设单位：山西阳城蟒河猕猴国家级自然保护区管理局。
法人代表：张增元，山西阳城蟒河猕猴国家级自然保护区管理局局长。

10.1.3 项目主管单位

山西省林业和草原局。

10.1.4 项目性质

新建生态公益项目。

10.1.5 项目区范围

本项目实施范围为山西阳城蟒河猕猴国家级自然保护区（以下简称"蟒河保护区"或"保护区"）。蟒河保护区位于山西省东南部，中条山东端的阳城县境内，地理坐标位于112°22′10″~112°31′35″E，35°12′30″~35°17′20″N，四至范围为：东至豹榆树岭、小南岭，西至指柱山、花园岭，北至三盘山岭，南至胡板岭、省界。全区东西长约15km，南北宽约9km，总面积5573hm^2。其中核心区面积3397.50hm^2、缓冲区面积419.20hm^2、实验区面积1756.30hm^2，分别占保护区总面积的60.96%、7.52%和31.52%。

10.1.6 项目建设目标

结合保护区目前发展需求，通过项目实施，逐步改善保护区设施、设备条件，提高保护区保护管理、科研监测、公众宣教和基础设施方面的能力，有效保护区内野生猕猴种群和森林生态系统，保护区内生物多样性，保持暖温带栎类森林生态系统的原真性、完整性、稳定性，提升保护区生态系统功能，维护山西南部生态安全格局。

10.1.7 项目建设内容与规模

（1）保护管理工程。维护巡护步道20km，防火通道维护10km，购置保护管理设备，包括北斗导航定位仪、旋翼无人机、固定翼无人机、巡护电动自行车、野外巡护管理设备和装备等；林业有害生物监测设备 27 台；疫源疫病、外来物种监测设备 15 台；建立猕猴人工投食退出机制，前期给予必要的投食补给、建立种质资源圃、开展古树名木保护等。

（2）科研监测工程。进行 13 种极小物种野生动植物和兰科植物专项调查；开展固定样地样线调查监测；开展自然生态环境监测，配备气象设备、水文设备、土壤设备、生物设备；配备标本制作与保管设备 1 套。

（3）公众宣教工程。建设科普教育小径 8km，配备公众宣教多媒体设施设备、布展设施设备、补充标本等。

（4）基础设施工程。对 4 个保护管理站做外墙保温、内墙粉刷，更换水暖电等设施；采用钢、木、砼、石等材料建造瞭望塔 1 座，瞭望塔内配备瞭望、监控、报警和通信设备；为蟒河管理站配备污水和垃圾处理设施。

（5）智慧保护区工程。建设智慧保护区基础平台，对网站进行升级改造、开发智慧保护区软件、建设自媒体平台；建设智慧保护区行政系统，配备办公设施设备；开展智慧保护区科普宣教系统建设。

10.1.8 项目建设期与进度

项目建设期 2 年，即：2020—2021 年。

第一年完成可行性研究报告立项、初步设计编制及审批、招标及工程建设准备工作，完成部分设备购置。

第二年完成部分建安工程及主要设备购置，项目竣工验收。

10.1.9 项目投资规模与资金来源

经估算，蟒河保护区基础设施建设项目总投资 2657.97 万元。其中：工程费用 2372.00 万元，占总投资的 89.24%；工程建设其他费用 159.40 万元，占 6.00%；基本预备费 126.57 万元，占 4.76%。按建设类型分，建安投资 220.00 万元，占总投资的 8.28%；设备投资 1134.50 万元，占总投资的 42.68%；其他投资 1303.47 万元，占总投资的 49.04%。

工程费用中，按工程项目分，保护管理工程 547.30 万元，占工程费用的 23.07%；科研监测工程 688.70 万元，占工程费用的 29.03%；公众宣教工程 530.00 万元，占工程费用的 22.34%；基础设施工程 280.00 万元，占工程费用的 11.81%；智慧保护区工程 326.00 万元，占工程费用的 13.75%。

总投资中，按资金来源分，拟申请中央财政资金 2146.40 万元，占总投资的 80%；地方配套资金 511.57 万元，占总投资的 20%。

10.1.10 项目效益

通过项目实施，将进一步加强生物多样性保护力度，最大限度地减少人为因素对生态系统的破坏，有效地保护猕猴和珍稀野生动植物资源及其生存环境，维护自然生态系统的完整性、稳定性。项目的实施，有助于提高社会各界的自然保护意识，推动自然保护区事业的发展；有利于加强保护区及周边区域的共同发展，保持社会安定和谐。项目建设的生态效益和社会效益将突显出来，将强有力地推动人与自然的和谐共生，为践行绿水青山就是金山银山的理念作出示范和引领。

10.1.11 报告编制单位

山西省林业调查规划院。

10.2 编制依据

(1)《中华人民共和国环境保护法》(2016年修订);
(2)《中华人民共和国森林法》(1998年修订);
(3)《中华人民共和国大气污染防治法》(2000年);
(4)《中华人民共和国水土保持法》(2010年);
(5)《中华人民共和国野生动物保护法》(2018年10月修订);
(6)《中华人民共和国土地管理法》(2004年);
(7)《中华人民共和国动物防疫法》(2013年);
(8)《中华人民共和国固体废物污染环境防治法》(2016年);
(9)《中华人民共和国水污染防治法》(2008年);
(10)《中华人民共和国自然保护区条例》(2017年);
(11)《森林和野生动物类型自然保护区管理办法》(1985年);
(12)《中华人民共和国野生动物保护法实施条例》(2018年);
(13)《中华人民共和国野生植物保护条例》(1996年);
(14)《山西省实施〈中华人民共和国野生动物保护法〉办法》(2018年);
(15)《自然保护区土地管理办法》(1995年)。
(16)《国家重点保护野生动物名录》(1989年);
(17)《国家重点保护野生植物名录(第一批)》(1999年)。
(18)《自然保护工程项目建设标准》(建标195—2018);
(19)《自然保护区功能区区划技术规程》(GB/T 35822—2018);
(20)《土地利用现状分类》(GB/T 21010—2017);
(21)《自然保护区管护基础设施建设技术规范》(HJ/T 129—2003);
(22)《森林防火工程技术标准》(LY/T 127—1991);
(23)中共中央办公厅 国务院办公厅印发《关于建立以国家公园为主体的自然保护地体系的指导意见》(2019年6月);
(24)《林业建设项目可行性研究报告编制规定(试行)》(林计发〔2006〕156号);
(25)《国家林业和草原局办公室关于组织申报2019年林业和草原中央预算内投资基本建设项目的通知》(林规字〔2019〕94号)
(26)《国务院关于支持山西省进一步深化改革促进资源型经济转型发展的意见》(国发〔2017〕42号);
(27)《山西省林业和草原局关于组织申报2019年林业和草原中央预算内投资基本建设项目的通知》(晋林规便字〔2019〕18号);
(28)《山西阳城蟒河猕猴国家级自然保护区总体规划(2019—2028年)》;
(29)《山西阳城蟒河猕猴国家级自然保护区科考报告》(2014年);
(30)《国家林业和草原局关于河北塞罕坝等12个国家级自然保护区总体规划的批复》(林保发〔2019〕54号);
(31)《山西阳城蟒河猕猴国家级自然保护区生态保护现状整体评估》(2016年);

（32）山西阳城蟒河猕猴国家级自然保护区其他相关资料。

10.3 主要技术经济指标

山西阳城蟒河猕猴国家级自然保护区基础设施建设项目主要技术经济指标详见表10-1。

表10-1 项目主要技术经济指标

序号	指标名称	技术经济指标		备注
		单位	数量	
一	项目区范围			蟒河保护区内
二	建设任务			
（一）	保护管理工程			
1	巡护步道维护	km	20	
2	防火通道维护	km	10	
3	保护管理设备			
	巡护管理设备	台	43	北斗导航定位仪、旋翼无人机、固定翼无人机、巡护电动自行车
	野外巡护装备	套	30	
	林业有害生物监测设备	台	27	
	疫源疫病、外来物种测设备	台	15	
	取样、检测设备	套	1	
4	野生动植物保护			
	猕猴人工投食补给	项	1	
	建立种质资源圃保护	项	1	
	古树名木保护	项	1	
（二）	科研监测工程			
1	专项调查	项	1	13种极小物种、兰科植物
2	固定样地、样线维护			
	固定样线	km	26.5	
	固定样地	个	30	
	购置红外机相	台	110	
3	自然生态环境监测			
	气象设备	套	17	
	水文设备	台	12	
	土壤设备	台	7	
	生物设备	台	10	
4	标本制作与保管设备	套	1	
（三）	公众教育工程			
1	科普教育小径	km	8	
2	公众宣教设施设备	项	1	
（四）	基础设施建设			
1	保护管理站维护维修	项	1	

(续)

序号	指标名称	技术经济指标		备注
		单位	数量	
2	瞭望塔	座	1	
3	污水和垃圾处理设施	套	1	
（五）	智慧保护区建设			
1	基础平台建设	项	1	
2	行政管理系统	项	1	
3	科普宣教系统	项	1	
三	投资估算	万元	2657.97	
1	工程费用	万元	2372.00	占总投资的89.24%
2	工程建设其他费用	万元	159.40	占总投资的6.00%
3	基本预备费	万元	126.57	占总投资的4.76%
四	资金来源	万元	2657.97	
1	中央投资	万元	2146.40	占总投资的80%
2	地方配套	万元	511.57	占总投资的20%

10.4 可行性研究结论

蟒河保护区是山西高原和河南中原的咽喉通衢，是中原大地通往秦岭山麓的东入口，是太行山脉和太岳山脉生境廊道的联结点，是山西省规划建设的首批国家公园的重要组成部分。蟒河保护区在动物区系上处于东洋界和古北界的过渡地带，植物区系上处于亚热带和暖温带的交汇地段。受第四季冰川的影响，区内山势陡峻，沟深崖高，区系植物成分复杂，具有明显的植被垂直带谱。保护区内分布着华北地区唯一残存的灵长类动物猕猴，为国家二级重点保护野生动物，在《中国濒危动物红皮书 兽类》中被列为易危种，保护区内还保存着以栓皮栎、橿子栎为主的栎类落叶阔叶林群落结构完整，具有很高的科研价值。因此，加强该区域的保护，不仅具有较高的科研价值，而且对于维护山西高原南部台地的生态安全具有重要意义。

本期主要建设内容和规模是根据保护区现有设施、设备条件，结合保护区当前发展需求，通过认真研究和论证确定的。项目的实施将有效提高保护区在保护管理、科研监测、公众宣教、基础设施建设等方面的能力，更好地保护区内野生猕猴资源，保护区内野生动物及其栖息环境，发挥良好的生态效益和社会效益。

本项目建设具有良好的基础条件，着眼于组织保障有力，总体布局合理，建设规模适度等方面，建设方案和技术路线力求符合保护区建设的需要。项目建设将极大地提高保护区的自然保护管理建设能力，建议国家尽快予以立项。

第11章 项目建设背景及必要性

11.1 项目建设背景

蟒河保护区地处太行南段尾翼、王屋山脉项首、中条山脉东褶、太岳南脉隆起,是山西高原东南部台地向河南中原过渡皱褶地带,处于我国中部候鸟迁徙路线上,是山西省拟规划建立的中条山国家公园与太行山、王屋山的重要生态联结点,是太行山脉与太岳山脉联通的重要生态廊道。

保护区位于山西省阳城县与河南省济源市接壤地带,地跨阳城县蟒河镇、东冶镇,东北部与济源市的克井镇交界,东南部与济源市的思礼镇连接,南部以晋豫两省省界为界,北部以三盘山大岭向东延伸至省界,向西直达花园岭,西部以花园岭为天然屏障,形成了山间谷地的独特环境。地理坐标位于 $112°22'10''\sim 112°31'35''E$,$35°12'30''\sim 35°17'20''N$。保护区总面积 $5573hm^2$,其中核心区面积 $3397.50hm^2$、缓冲区面积 $419.20hm^2$、实验区面积 $1756.30hm^2$。保护区以保护猕猴等珍稀野生动物和暖温带森林生态系统为主,属于"野生生物类自然保护区"中的"野生动物类型自然保护区",属于"自然生态系统自然保护区"中的"森林生态系统类型"自然保护区。保护区内的野生猕猴 *Macaca mulatta* 是华北地区唯一现存的非人灵长类动物,现有 7 群 1273 只。

保护区具有独特的自然地理禀赋,由典型的嶂石岩地貌、冰蚀地貌和流水侵蚀的石灰岩钙化地貌叠加形成的复合地貌;保护区处于亚热带和暖温带过渡地带,以栓皮栎 *Quercus variabilis*、槲子栎 *Quercus baronii* 为优势种的栎类天然次生林森林生态系统保存完好,植被具有过渡地带的典型性,孕育有多样化的植物群落和物种;保护区在动物地理区系上处于东洋界和古北界的交汇地带,以古北界为主,但又具有东洋界渗透的明显特征;保护区生物多样性丰富,是开展暖温带森林群落动态研究的天然实验室,是监测山西极小物种野外种群的重要基地,也是研究恢复与重建黄河中游森林生态系统的天然参照系。

建区以来,在国家、省林业主管部门的正确领导和大力支持下,蟒河保护区"牢记建区初心,不忘发展使命",践行"绿水青山就是金山银山"的发展理念,着眼于山水林田湖草生命共同体建设,努力推进人与自然和谐共生,通过全局干部职工的艰苦奋斗与不懈努力,保护区的基础设施不断完善,资源保护得到加强,科研监测扎实开展,本底调查持续深入,社区共建共管有了较大水平的提高,各项工作取得了长足的进展。但受地理位置、自然条件、资金投入、体制机制等多方面因素的影响,保护区的建设和管理尚未步入现代化的发展轨道,与习近平新时代中国特色社会主义思想和生态文明建设的要求还有很大差距,与"五大理念"和美丽中国建设的要求还有很大差距,在保护管理、科研监测、公众宣教、基础设施、智慧保护区建设等方面仍需进一步加强和完善,保护手段和管理能力还需进一步得到提高。

长期以来,蟒河保护区从基础设施建设和保护、科研能力入手,逐步改善了办公环境,提高了职工素质,提高了管理水平。1998 年 3 月,山西省林业厅向国家提出了拟将蟒河保护区升级为国家级自然保护区的申请,以满足保护野生猕猴资源和生物多样性的需要。同年 8 月 18 日,经《国务院关于发布红松洼等国家级自然保护区名单的通知》(国函〔1998〕68 号)批准,晋升为国家级自然保护区。2018 年 12 月,保护区编制完成了《山西阳城蟒河猕猴国家级自然保护区总体规划(2019—2028 年)》,并于 2019 年 6 月得到批复。根据保护区的实际情况,为更好地落实总体规划所提出的总体目标和建设任务,蟒河保护区决定申报基础设施建设项目。

11.2 项目建设的必要性

11.2.1 落实保护区总体规划建设目标的需要

《山西阳城蟒河猕猴国家级自然保护区总体规划(2019—2028 年)》提出保护区建设的目标和任务是:认真贯彻"全面保护自然环境,积极开展科学研究"和"保护优先、严格监管"的方针,加强生物多样性保护和科研监测建设,加强生态文明教育,开展社区共管共建,分期建设,把蟒河保护区建成设施完善、设备先进、科技发达、管理高效、功能齐全、可持续发展的国内领先的国家级自然保护区。按照这一目标要求,保护区总体规划建设任务需分期实施。本期建设所涵盖的保护管理、科研监测、公众宣教、基础设施、智慧化保护区建设等方面的内容,不仅是落实总体规划的要求,也是实现总体规划目标建设的重要环节。

11.2.2 保护生物多样性、维护生态安全的需要

蟒河保护区拥有华北地区最大数量的野生猕猴种群,是华北地区野生猕猴的集中分布地之一,项目的实施将强有力地提升野生猕猴保护能力,为进一步研究野生猕猴种群的生存发展动态、疫源疫病防控、种群良性增长等厚植保护管理根基。

保护区独特的地理地貌特征,为野生动植物的繁衍栖息提供了多样的生存环境,形成了丰富的物种多样性和遗传多样性。保护区内植物种类繁多,野生动物种类丰富,是山西省生物多样性的最丰富的区域之一。保护区共有种子植物 874 种,隶属于 103 科 390 属,分布有国家和省重点保护野生植物 36 种(其中国家一级 2 种、二级 7 种、省级 27 种)。已知野生动物 285 种,隶属于 26 目 70 科(其中鸟类有 16 目 43 科 215 种,兽类有 7 目 16 科 42 种,两栖类 1 目 3 科 11 种,爬行类有 2 目 8 科 17 种),分布有国家、省重点保护动物 54 种(其中国家一级 4 种、二级 28 种、省级 22 种)。项目的实施将有效保护自然生态系统的原真性、多样性、完善性和稳定性,有利于生态功能的提升和改善。

保护区内的蟒河是河南济源地区的重要水源地,区内第三季子遗植物种类较多,第四纪冰川造成的石灰岩冰蚀地貌是山西典型的地区。保护区森林覆盖率 88.29%,降雨量较高,水资源较为丰富,区内有阳庄河、洪水河、后大河、后小河等多条河流,呈放射性排列,多条河流在蟒河村黄龙庙汇聚后称蟒河,向东流入河南省济源市,蟒源是蟒河的活出水源头,长年流水不干涸,出口流速达 2.4m³/s。加强对保护区生态系统的保护,对于该区域及周边地区的水源涵养、水土保持、气候调节、防汛抗洪、防灾减灾等具有重要的生态安全意义。

11.2.3 增强保护管理能力的需要

在中央和地方财政的支持下,蟒河保护区不断提高保护管理能力建设,目前建设完成的主要设施有:瞭望塔 1 座,微波传输铁塔 3 座,猕猴生态观察站 1 处,购置有防火宣传车、巡护摩托车、防火

设备、通信器材、小型气象站及设备等，但由于设施设备购置年代均在12年以上，瞭望塔、微波传输铁塔的设备已老化，巡护摩托车、小型气象站及设备等已超出使用年限而报废。为了满足保护管理需求，特别是与BDS、CGCS2000等系统对接，需要更新购置部分设施设备。

11.2.4 提高保护区科研监测水平的需要

保护区的主要保护对象是猕猴和暖温带森林生态系统，目前，保护区仅开展了猕猴资源调查、固定样地样线监测和本底调查，缺乏对暖温带森林生态系统的系统研究，缺乏对生物多样性变化的相关研究。同时，按照山西省林草局的要求，在2019年后应进行的极小种群野生的物种调查，物种包括金钱豹、原麝、黑鹳、金雕、复齿鼯鼠、大鲵等6种动物和太行花、南方红豆杉、连香树、领春木、山白树、山桐子、山胡椒7种国家、省重点保护的珍稀濒危植物以及兰科植物，山西省提出的极小物种野生种群除太行花和部分兰科种类外，保护区内均有分布。

项目的实施，将建设较为完备的科研监测设施，购置相关的科研监测设备，开展野生动植物科研监测工作，将更好地搭建科研平台，加强与科研机构、大专院校的交流与合作，推进蟒河保护区科研监测水平的提升。

11.2.5 完善保护区基础设施建设的需要

在上级主管部门的支持下，蟒河保护区通过2001—2015年总体规划的实施，基础设施建设得到加强，已建成东山保护管理站建设204m²，索龙保护管理站170m²，树皮沟保护管理站120m²，标本馆及保护管理站1400m²。在2017年中央财政林业国家级自然保护区补助资金项目的支持下，已树立界碑、区碑8块，界桩、功能区桩130根，标桩立界使保护区的四至范围更加明确，更加具有警示性。由于现有的蟒河、东山、树皮沟、索龙4个保护管理站站址均处在山大沟深处，夏季潮湿炎热，冬季寒冷干燥，截至2017年底，建站年限均超过12年，需对现有的4个保护管理站进行维护，进行外墙做保温材料处理和内墙粉刷，并更换4个保护管理站部分老化线路和水暖电设备。项目的实施，将有效改善基层保护管理站的办公和生活条件，提高站点管理员、管护员的工作积极性，提高保护实施能力。

11.2.6 提升保护区生态文明建设的需要

保护区是生态文明建设的先行区，在长期的保护管理中积累了较为丰富的保护经验，项目的实施将加快保护区智能化建设水平，使保护区建立较为完善的信息管理系统，满足新时代生态文明建设的需要，通过整合保护区资源、科研等基础数据，建设智慧化管理平台，实现各项工作的信息化、数字化，全面展示自然保护区基础数据和动态管理数据，为社区资源保护和经济发展提供信息支撑，为展示自然保护区建设成果，得到公众支持奠定良好的基础。

总之，蟒河保护区基础设施建设项目的实施，不仅是保护野生猕猴资源、生物多样性的需要，也是提升山西南部生态系统质量，维护生态安全格局的需要，更是保护管理能力、提升科研监测水平的需要。因此，项目的建设是非常必要的。

第 12 章 项目建设条件

12.1 自然地理条件

12.1.1 地理位置

蟒河保护区位于山西省东南部，全区东西长约 15km，南北宽约 9km，总面积 5573hm²，地理坐标位为 112°22′10″~112°31′35″E，35°12′30″~35°17′20″N。保护区行政区划属于山西省阳城县，跨蟒河镇、东冶镇 2 个镇范围。

12.1.2 地质地貌

蟒河保护区为石质山区，主要组成是结晶岩和变质岩系，指柱山为最高峰海拔 1572.6m，拐庄为最低点海拔仅有 300m，相对高度差 1272.6m。地貌强烈切割，多以深涧、峡谷、奇峰、瀑潭为主，整个地形是四周环山，中为谷地。区内有四道主沟，即后大河沟、阳庄河沟、南河沟、拐庄蟒河沟，沟沟相通；主要山峰有石人山、孔雀山、棋盘山、指柱山、窟窿山、三盘山等，构造复杂，形状多样。总的特点是山峦起伏，沟壑纵横，奇峰林立，形成险峻的陡峰和深谷景观。

12.1.3 气 候

蟒河保护区属暖温带季风型大陆性气候，是东南亚季风的边缘地带，其特点是夏季炎热多雨，多为东南风，冬季寒冷干燥，盛行西北风。由于受季风的影响，一年四季分明，光热资源丰富，年平均气温 15℃，最高气温 41.6℃，极端最低气温-8℃，大于 10℃的积温 4220℃，无霜期 210~240d，年降雨量 750~800mm，最高可达 950mm。

12.1.4 土 壤

蟒河保护区的岩石多系太古界和元古界产物，成土母岩地质年代久远。保护区土壤垂直带谱分布自下而上依次为冲积土、山地褐土、山地棕壤。山麓河谷一带为冲积土，机械组成以沙壤为主，为农田和低山植物分布区；海拔 800~1500m 土壤主要为山地褐土，受地貌影响土层较薄，一般不超 30cm；海拔 1500m 以上为山地棕壤，面积较小。

12.1.5 水 文

蟒河保护区内的河流均属黄河水系。区内水资源丰富，主要有后大河、洪水河两条河流，河水清澈见底，终年不断，源远流长，两条河流在黄龙庙汇集后称蟒河，全长 30km，流经河南省注入黄河。蟒河源头出水洞，年出水量 760 万 m³，沿线形成湖、泉、潭、瀑、穴景观，极为壮观。保护区周边

15km 范围内无任何污染源,区内空气清新,水质纯净,水中含有 Ca、Mg、Si 等多种微量元素,是泉水中的珍品,具有很高的利用价值。境内在蟒河中游建有水库一座,用以蓄水、防洪。

12.1.6 植 被

蟒河保护区素有"山西植物资源宝库"的美誉,植物种类丰富。这里除有种类繁多的暖温带地带性植物种类外,亚热带植物和许多山西省稀有的植物也有相当数量的分布。保护区植被区划上属于暖温带落叶阔叶林地带,以栎类为主的林木资源主要以中龄林为主。其中,中龄林面积 3895hm^2,占森林面积的 78.75%;幼龄林 594hm^2,占森林面积的 12.01%,近熟林 457hm^2,占森林面积的 9.24%。

蟒河保护区内灌丛密集,植被茂盛,以阔叶类灌木为主,植被具有明显的垂直地带性。海拔 300~800m 为疏林灌丛及林垦带,植物群系主要以山茱萸 Cornus officinalis、栓皮栎 Quercus variabilis 林为主,灌木以荆条 Vitex negundo、杠柳 Periploca sepium、黄栌 Cotinus coggygria 为主,草本以蒿草 Kobresia myosuroides、黄背草 Themeda japonica 为主,农作物主要以小麦 Triticum aestivum、谷物 Setaria italica 为主。海拔 800~1100m 为栓皮栎林带,植物群系以栓皮栎 Quercus variabilis、橿子栎 Quercus baronii 为主,灌木以荆条 Vilex negundo、杠柳 Periploca sepium、荚蒾 Viburnum dilatatum、黄栌 Cotinus coggygria 等为主。海拔 1100m 以上植物群落主要以油松、槲栎为主。

保护区植被的分类采用《中国植被》(吴征镒 1995)的原则和依据分类。高级分类单位植被型、植被亚型采用生态外貌原则,群系采用建群种的群落学、生态学差异原则。蟒河保护区植被分类详见表 12-1。

表 12-1 蟒河保护区植被分类系统表

植被型组	植被型	植被亚型	群系	拉丁文
针叶林	温性针叶林	温性松林	油松林	Form. *Pinus tabulaeformis*
			白皮松林	Form. *Pinus bungeana*
			侧柏林	Form. *Platycladus orientalis*
			华山松林	Form. *Pinus armandii*
	暖性针叶林	暖性常绿针叶林	南方红豆杉林	Form. *Taxus mairei*
阔叶林	落叶阔叶林	典型落叶阔叶林	辽东栎林	Form. *Quercus liaotungensis*
			栓皮栎林	Form. *Quercus variabilis*
			橿子栎林	Form. *Quercus baronii*
			槲栎林	Form. *Quercus aliena*
			山茱萸林	Form. *Cornus officinalis*
			青檀林	Form. *Pteroceltis tatarinowii*
灌丛和灌草丛	落叶阔叶灌丛	温性落叶阔叶灌丛	酸枣灌丛	Form. *Zizyphus jujuba*
			荆条灌丛	Form. *Vitex negundo var. heterophylla*
			绣线菊灌丛	Form. *Spiraea salicifolia*
			土庄绣线菊灌丛	Form. *Spiraea pubescens*
			照山白灌丛	Form. *Rhododendron micranthum*
			黄刺玫灌丛	Form. *Rosa xanthina*
			虎榛子灌丛	Form. *Ostryopsis davidiana*
			野皂荚灌丛	Form. *Gleditsia microphylla*
	灌草丛	温性灌草丛	白羊草草丛	Form. *Bothriochloa ischaemum*
			黄背草草丛	Form. *Themeda japonica*
			茭蒿草丛	Form. *Artemisia giraldii*
			百里香、丛生禾草草丛	Form. *Thymus mongolicus*
草甸	草甸	典型草甸	薹草草甸	Form. *Carex* spp.

12.1.7 生物资源

12.1.7.1 植物资源

保护区共有种子植物874种，分属于103科390属，分别占山西省种子植物总科数的73.6%，总属数的60.6%，总种数的52.1%。其中裸子植物3科5属6种，被子植物100科385属868种。保护区内国家重点保护野生植物有南方红豆杉 Taxus wallichiana var. mairei、连香树 Cercidiphyllum japonicum 2种，蕙兰 Cymbidium faberi、无喙兰 Holopogon gaudissartii、刺五加 Acanthopanax senticosus 等7种属第二批讨论稿中列出的种类；山西省重点保护野生植物有匙叶栎 Quercus spathulata、脱皮榆 Ulmus lamellose、山茱萸 Cornus officinalis、青檀 Pteroceltis tatarinowii、异叶榕 Ficus heteromorpha、领春木 Euptelea pleiospermum、竹叶椒 Zanthoxylum planispinum、流苏树 Chionanthus retusus、络石 Trachelospermum jasminoidea、四照花 Dendrobenthamia japonica 等27种。

12.1.7.2 动物资源

蟒河保护区山势陡峭、灌丛密集、水质清凉、气候适宜，是野生动物栖息活动的理想场所。保护区已知野生动物285种，分属26目70科。其中鸟类有16目43科215种，兽类有7目16科42种，两栖类1目3科11种，爬行类有2目8科17种，分别占山西省鸟类、兽类、两栖类爬行类总数的65.9%、59.2%、82.3%和84.9%。

区内有属国家一级保护的珍稀野生动物有金雕 Aquila chrysaetos、黑鹳 Ciconia nigra、金钱豹 Panthera pardus、原麝 Moschus moschiferus 4种，二级保护的有猕猴 Macaca mulatta、红腹锦鸡 Chrysolophus pictus、勺鸡 Pucrasia macrolopha、大鲵 Andrias davidianus、水獭 Lutra lutra、猛禽类等28种，省级保护的野生动物有刺猬 Erinaceus europaeus、苍鹭 Ardea cinerea、星头啄木鸟 Dendrocopos canicapillus、黑枕黄鹂 Oriolus chinensis、褐河乌 Cinclus pallasii、四声杜鹃 Cuculus micropterus、普通夜鹰 Caprimulgus indicus、冠鱼狗 Ceryle lugubris、发冠卷尾 Dicrurus hottentottus、白顶溪鸲 Chaimarrornis leucocephalus 等22种。蟒河保护区以保护猕猴种群为主，区内猕猴种群共有7群，总量约1273只。

蟒河保护区在动物地理区系上古北界占优势，主要鸟类有勺鸡 Pucrasia macrolopha、雉鸡 Phasianus colchicus、山斑鸠 Streptopelia orientalis、灰喜鹊 Cyanopica cyana、松鸦 Garrulus glandarius 等，但东洋界的鸟类也占有相当的比例，典型的有姬啄木鸟 Picumnus innominatus、四声杜鹃 Cuculus micropterus、橙翅噪鹛 Garrulax elliotii、冠鱼狗 Ceryle lugubris、锈脸勾嘴鹛 Pomatorhinus erythrogenys、黄腹山雀 Parus venustulus 等，动物区系组成上亦具明显的南部东洋界特征。

蟒河保护区在海拔300~1572m之间不同高度上鸟兽分布亦有所差异。在海拔1000m以上的南坡、1200m以上的北坡，生长着茂密的森林，林下灌草丛丰富，主要分布着金钱豹 Panthera pardus、野猪 Sus scrofa、狗獾 Meles meles、复齿鼯鼠 Trogopterus xanthipes 等兽类，鸟类有勺鸡 Pucrasia macrolopha、石鸡 Alectoris chukar、岩鸽 Columba rupestris、松鸦 Garrulus glandarius 和大嘴乌鸦 Corvus macrorhynchos 及金雕 Aquila chrysaetos 等猛禽类。

海拔800~1000m左右的稀树灌丛，为蟒河保护区动物富集区，根据其复杂的地形，又分为两种生境。即陡峭山地生境和缓坡山地生境。陡峭山地生境山势陡峭，断崖耸立，坡度多为60°以上，此生境很适合猕猴生存栖息，保护区内的猕猴群都分布在此生境中，为区域分布的优势种，此外，兽类还有复齿鼯鼠 Trogopterus xanthipes、野猪 Sus scrofa、普通蝙蝠 Vespertilio murinus 等。鸟类分布于此生境内的主要有岩燕 Hirundo rupestris、鹪鹩 Troglodytes troglodytes、短耳鸮 Asio flammeus、红嘴蓝鹊 Urocissa erythrorhyncha 等。缓坡山地生境主要分布于保护区西段，坡势缓慢，植被为落叶小乔木及灌草丛，分布在此地的鸟类主要有姬啄木鸟 *Picumnus innominatus*、山鹛 *Rhopophilus pekinensis*、三道眉草鹀 *Emberiza cioides*、大山雀 *Parus major*、石鸡 *Alectoris chukar* 等，兽类以狗獾 *Meles meles*、猪獾 *Arctonyx collaris*、刺猬 *Erinaceus europaeus* 等为主。

海拔600~800m之间为近村落生境，灌草丛茂盛，地势开阔，主要分布有灰喜鹊 *Cyanopica cyana*、喜鹊 *Pica pica*、金翅雀 *Carduelis sinica*、山麻雀 *Passer rutilans*、黄眉柳莺 *Phylloscopus inornatus* 等鸟类，兽类以鼠、兔等小型兽类为主。此外，在600m以下为河溪沟谷生境，溪流不断，生活在此生境的鸟类有褐河乌 *Cinclus pallasii*、冠鱼狗 *Ceryle lugubris*、白顶溪鸲 *Chaimarrornis leucocephalus* 等，两栖爬行类也主要分布于此生境。

12.1.8 自然灾害

洪涝灾害。蟒河保护区是山西省降雨较多的地区之一，河床狭窄，突发暴雨时，一些地区偶尔会出现滑坡、冲毁路桥和管护设施等灾情，对保护区的管理和居民生产生活造成影响，对植被也会发生不利影响。2012年6~7月，蟒河阴雨连绵，天气反常，7月30日，再遭遇强降雨，山洪携带泥沙、石块、树枝干等从树皮沟河谷直下，冲毁河床和设施，造成了重大灾害。

早春冻害。由于四周群山环绕，早春常受冰霜雨雪冻害，使山茱萸、连翘等早花树木遭受冻害，结实量降低，使生态也受到一定的损失。

林业有害生物潜在危害。保护区周边地区有松材线虫等病虫害发生，加之社区建设和各种外来设备设施所使用包装材料，均有可能带来病虫害，因此，必须加强对有害生物的监测预报。同时，外来物种的侵入，也是保护区面临的潜在威胁。

疫源疫病潜在危害。蟒河保护区及周边区域位于我国中部候鸟迁飞线路上，是冬春季候鸟迁飞的通道，必须加强对候鸟的疫源疫病监测。猕猴种群的患病机理还待进一步研究，人猴共患病仍是潜在威胁。

12.2 社会经济条件

12.2.1 行政区划及人口

保护区行政区划属于山西省阳城县，跨蟒河镇、东冶镇2个乡镇的6个行政村（蟒河镇的桑林村、蟒河村、押水村、辉泉村，东冶镇的窑头村、西冶村）的29个自然庄。蟒河镇和东冶镇两个镇政府办公区均不在保护区范围内，蟒河镇政府距离保护区边界20km，东冶镇政府距保护区边界25km。

保护区范围内总人口为633户1709人，其中实验区内为335户931人，缓冲区内无人居住，核心区内298户778人。保护区内的居民全部为汉族。核心区内的298户主要居住在押水村的押水、东洼、西坡、李沟、上康凹、下康凹、大天麻、小天麻、前河、川草坪10个自然庄，除押水、大天麻、小天麻外，居住情况比较分散。保护区周边的蟒河镇有桑林村和辉泉村，桑林村共有232户719口人，其中居住在保护区内的有41户89口人，保护区外的有191户630口人。辉泉村共有56户143口人，全部居住在保护区外，仅有地棚底和上辉泉2个自然庄的13户28口人与保护区紧邻，但一般不进入保护区活动。保护区周边的东冶镇有西冶村和窑头村，西冶村有320户893口人，距保护区较远，在小秋收季节，有部分居民进入东黄琊、西黄琊进行采收作业。窑头村的索树腰、黄瓜掌、南沟河自然庄距保护区较近，但仅有8户17口老年人靠农耕为生，对保护区影响较小。保护区内人口分布情况见表12-2。

表 12-2 蟒河保护区内人口分布情况表

乡镇名称	行政村名	自然村名	区　　内		核心区		缓冲区		实验区	
			户数	总人口	户数	人口	户数	人口	户数	人口
合　计			633	1709	298	778			335	931
蟒河镇	蟒河村	小计	382	1091	88	249			294	842
		洪水	61	172	61	172				
		南河	27	77	27	77				
		朝阳	25	72					25	72
		庙坪	25	70					25	70
		前庄	23	67					23	67
		后庄	32	92					32	92
		秋树沟	33	108					33	108
		东汕	61	157					61	157
		草坪地	14	43					14	43
		南汕	81	233					81	233
	押水村	小计	210	529	210	529				
		押水	39	105	39	105				
		西坡	8	20	8	20				
		东洼	18	53	18	53				
		李沟	15	40	15	40				
		上康凹	24	64	24	64				
		下康凹	20	50	20	50				
		小天麻	23	62	23	62				
		大天麻	43	103	43	103				
		前河	19	30	19	30				
		川草坪	1	2	1	2				
	桑林村	小计	41	89					41	89
		前沟	23	53					23	53
		后沟	18	36					18	36
	辉泉村	小计								
		杨甲								
		麻地沟								
		泉洼								
东冶镇	窑头村	小计								
		丁羊顺								
	西冶村	小计								
		东黄鄘								
		西黄鄘								
		荸步汕								

12.2.2 经济状况

蟒河保护区所涉及行政区域2017年生产总值6547.9万元。其中，第一、第三产业生产总值分别是2983.2万元、3564.7万元，分别占生产总值的45.56%、54.44%；林业总产值为1242.6万元，占生产总值的18.98%。

保护区地方经济发展水平较低，农业主要以种植小麦、玉米、谷子、薯类等为主。区内农民的其他经济来源是外出务工和种植山茱萸。保护区内山茱萸有较大面积的分布，加上人工栽培，年产量达50t，人均收入千元以上。生态旅游为当地村民提供了部分就业岗位，促进了农民增收，改善了农民生活条件。

12.2.3 交通、通信、电力

保护区内交通较为便利，与外部联系主要公路为桑林至蟒河公路，可连接阳济高速，其境内里程17.5km，为二级标准，路面为柏油和水泥路面；保护区内还有通往河南省的道路2条，分别为蟒河至河南思礼境内里程3km、押水至河南水洪池境内里程3.5km，均为当地居民生产生活的主要设施，路面较窄。

保护区范围内供电方式均为国家电力网供电，基本能够满足保护区目前正常用电的需求；通信器材为电话，移动通信基本覆盖全区，基本能够满足现状需要。

12.2.4 土地利用现状

蟒河保护区总面积5573hm^2，森林覆盖率88.29%，林木绿化率89.04%。耕地516.21hm^2，占保护区总面积的9.26%，其中核心区280.38 hm^2，缓冲区8.00 hm^2，实验区227.83 hm^2；林地面积4982.19hm^2，占总面积的89.40%，其中国有3758.56hm^2，其中核心区2298.47hm^2，缓冲区327.12hm^2，实验区1132.97hm^2；集体1223.63hm^2，其中核心区791.76hm^2，缓冲区58.19hm^2，实验区373.68hm^2。

林地面积中，有林地4920.39hm^2，占林地面积的98.76%；疏林地7.50hm^2，占林地面积的0.15%；灌木林地41.80hm^2，占林地面积的0.84%；未成林造林地4.40hm^2，占林地面积的0.09%；宜林地8.10hm^2，占林地面积的0.16%；交通运输用地8.12hm^2，占保护区总面积的0.15%，其中核心区2.91hm^2，实验区1.63hm^2。水域34.50hm^2，占保护区总面积的0.62%，其中核心区18hm^2，实验区16.50hm^2。住宅用地17.97hm^2，占保护区总面积的0.32%，其中核心区10.70hm^2，实验区10.27hm^2。公共设施用地0.11hm^2，占保护区总面积的0.002%，其中核心区0.02hm^2，实验区0.09hm^2。

其他用地13.90hm^2，占保护区总面积的0.248%，其中核心区8.27hm^2，缓冲区2.31hm^2，实验区3.32hm^2。

12.3 建设单位基本情况

12.3.1 机构设置

2013年，山西省编委对蟒河保护区机构设置进行了明确，核定副处级领导1名，正科级副局级领导2名，内设4个科室，下设4个管理站，4个科室各核定正、副科级领导职数各1名。

保护区属省财政全额拨款的副处级公益性事业单位，隶属于山西省林业和草原局，由山西省中条山国有林管理局代管。保护区目前实行"管理局-管理站"二级管理体系。管理局内设办公室、资源保护室、科研技术室、计划财务室等4个职能科室，下设树皮沟、东山、蟒河、索龙4个基层保护管理站。

12.3.2 人员状况

保护区管理局核定编制为15人，实际在岗人数36人，其中聘用人员21人。在册人员中，局长1人，副局长2人，办公室2人，资源室2人，科研室2人，财务室2人，一线管护人员4人；其中研究生学历1人，本科学历5人，大专学历5人；林业高级工程师1人，工程师2人，助理工程师4人。蟒河保护区在职人员配置情况表详见表12-3。

表 12-3 蟒河保护区在职人员配置情况表

科室	在册人员	临时聘用人员
局领导	3	
办公室	2	
资源保护室	2	4
科研技术室	2	1
计划财务室	2	1
保护管理站	4	15
合　计	15	21

12.3.3 基础设施设备现状

建区至今，蟒河保护区已完成了办公楼建设 $1074.2m^2$，一期工程建设期间，已经修建蟒河管理站 $200m^2$，东山管理站 $204m^2$，树皮沟管理站 $120m^2$，索龙管理站 $170m^2$。架设押水至蟒河输电线路7km，桑林至蟒河通信线路20km，桑林至蟒河道路维修17.5km，购置办公自动化设备6套，便携式电脑7台，小轿车1辆（已报废），生活用车1辆（已报废），标志门2座，标桩标牌164块，修建管理局机关给排水设施及供热设施各1处。修建瞭望塔1座，微波传输铁塔3座，购置了扑火设备，购置手持对讲机10部。原购置的气象设备、水文设备等均已损坏，不能正常使用。截至2015年，生活用车报废；至2017年，小轿车报废。保护区现使用2013年斯巴鲁合作项目配备的斯巴鲁森林人SUV小汽车1辆。

12.4　存在问题

（1）野生猕猴种群保护方式需要进一步科学化，需建立人工投食补给逐步退出机制。蟒河是以保护猕猴为主的自然保护区，建区初期为了扩大大猕猴种群，保护区进行了一些季节性的饲料补给投食，并在猴山建立了猕猴生态观测站，在观测站固定投食补给，使猴山的猕猴种群数量有了较快的增长。近年来，随着对猕猴观测的深入，保护区已注意到类似四川峨眉山、河南五龙口等区域，长期的招引和饲养中出现的猕猴行为习性的改变，为了建立主动预警机制，预防人畜共患病发生，维护生态安全，保护区应该考虑猕猴补给逐步退出机制。

采取退出机制应借鉴猕猴招引的经验教训，坚持野生种群自然增长的原则，对猴山的猕猴种群仅在食物极度匮乏的季节进行控制食量的补给，对该群猕猴进入村庄抢食的行为进行人为控制性的"遣散",通过强迫性的阻拦,使猕猴种群的活动逐步向山上林间转移,对投食补给的依赖程度逐渐减轻,直至能够完全脱离投食,达到回归自然、自行繁衍生息的状态。同时,进行猕猴栖息地改造,以规避种群增加可能导致的栖息地的争夺,使猕猴有一个良好的栖息环境,利于种群自然繁衍增长。项目实施期内,每年减少投食量、减轻对群众的破坏程度,防止猕猴种群因人工干扰而导致的无序增长,导致猕猴种群真实的自然演替规律被掩盖,使猕猴种群的保护更加科学化、合理化。

(2)保护管理资源力度还需加强,手段需要进一步科学化。保护区目前在野生动物救护、外来物种监测、极小种群野生物种拯救、古树名木保护等方面,缺乏针对性保护的设施设备及相应措施,为了加强资源保护管理力度,维护良好的自然生态环境,需要加强野生动植物保护、疫源疫病防控、外来物种监测等设施设备建设。管护员使用的手持GPS定位巡护器需更新为BDS系统、保护管理站摄像头、防火设施设备使用运行过程中难以避免地受到损坏,需要进行定期更换与维护。同时,阳城县政府在蟒河镇实施农林文旅康试点,进入蟒河生态旅游景区的人员增多,给保护区的保护管理带来极大的压力,为解决这一问题,需要对该区域进行实时监控,建立"天—空—地"一体化监控体系,实现立体化保护。

(3)科研监测设备需要更新,监测体系需要进一步完善。蟒河保护区建立了10条固定样线和30块固定样地,配备了少量的监测设备,但相对于保护区内丰富的野生动植物资源、重要的生态区位,现有的设施设备多数老化,不能适应科学有效地管理要求。保护区的科研监测工作短板太短,零星分散,无法系统地掌握区内自然资源动态变化规律,特别是猕猴和生态系统的研究还不够深入全面,直接影响了保护区生态价值的发挥。因此,需要补充完善科研监测设施设备,促进保护区科研监测工作的常态化、规范化,为科学保护管理提供有力的科技支撑。

(4)公众宣教水平还有待提高。保护区现有的标本馆,仅有少量的动植物标本展示,宣教产品、方式单一,缺少与宣教对象的互动和体验式宣教。特别是科研成果展示、科研活动体验等与发展水平存在较大差距,自然保护区建设的重要性和特殊性体验较差,宣教对象仅限于当地中小学生,受众群体范围狭窄,急需提高科研宣教社会影响力。

(5)基础设施建设有待深化。由于缺乏维修、维护资金,部分标识陈旧、老化、损坏、丢失,失去了应有的示意、指示、识别、警示作用。保护区管理站房屋建设年代较长,现有的4个保护管理站均位于山沟,秋冬季节日照时间短、风大、阴冷、潮湿,需进行外观和内部维护更新。

(6)智慧保护区建设滞后。受复杂的地理条件和有限的调查技术手段制约,保护区对于新技术的运用比较迟滞,野外巡护收集的资料无法有效统计和分析,资源监测虽然有固定样线的频次规定,但工作完成情况难以做到规范、准确。由于尚未建立数字化信息管理系统,繁多的数据只能用手工统计分析,人工分析野外调查数据时,随着工作时间的延长,出错率明显增加,多数情况下就调查而调查,对结果缺乏系统统计分析,不能通过分析数据有效指导保护工作实践。保护区对现存的许多物种未开展过系统的研究和监测,随着保护区周边社会经济的迅猛发展,人为活动对自然资源的干扰日趋多样,智能化建设及新技术运用急需提升。

第 13 章 项目建设目标

13.1 指导思想

全面贯彻落实党的十九大精神，以习近平新时代中国特色社会主义思想为指导，着眼于美丽中国，加强生态文明建设，不忘初心、牢记使命，在山水林田湖草生命共同体打造中，推进人与自然和谐共生。依据新时代林业建设的要求，以野生猕猴保护为聚焦点，建成集保护管理、科研监测、公众宣教、社区共管于一体的国家级自然保护区、暖温带森林生态系统科学研究基地、教学实习基地、生态文明科教基地为主要目标，不断提升保护管理实施能力和可持续发展能力。

13.2 建设原则

13.2.1 突出重点，适度超前

根据保护区建设现状、保护管理目标、任务和发展需求，优先建设和完善目前急需的项目，同时考虑后续建设项目，兼顾保护区综合管理水平的提升，分阶段、有计划地分步实施项目建设任务。

13.2.2 保护优先，注重实效

以保护自然资源和生态环境为前提，在有利于保护珍稀濒危野生动植物物种和栎类天然次生林，有利于保护生态系统原真性、完整性，有利于科学研究的前提下，充分发挥保护区的多功能效益。通过保护与发展相结合，实现自然生态系统的良性循环。项目建设均需在保护野生动植物生存、分布环境和典型自然景观不被破坏的前提下才能实施。

13.2.3 因地制宜，合理布局

在保护区原有的各项工程建设的基础上，充分考虑项目建设条件，合理布局本期建设项目，因地制宜地采取先进技术，实施符合保护对象需要的工程项目，最大限度地发挥好自然保护区的功能和效益。

13.3 建设目标

通过项目实施，改善保护区设施设备条件，提高保护区保护管理、科研监测、公众宣教、基础设施和智慧化保护区建设能力，有效保护区内野生猕猴种群和自然生态系统，提高森林生态系统质量，维护生态安全格局，保持区内生态系统的原真性、完整性，为建设中条山国家公园作出示范和带动。

13.4 主要建设任务

（1）保护管理工程：维护巡护步道20km，防火通道维护10km，购置保护管理设备，包括北斗导航定位仪、旋翼无人机、固定翼无人机、巡护电动自行车、野外巡护装备等巡护管理设备；配备数码体视显微镜、智能人工气候箱、虫情测报灯、培养箱等林业有害生物监测设备27台；配备照相机、摄像机、高倍望远镜、激光测距仪等疫源疫病、外来物种监测设备15台；建立猕猴人工投食退出机制，前期给予必要的投食补给、建立种质资源圃、开展古树名木保护等。

（2）科研监测工程：进行13种极小物种野生动植物和兰科植物专项调查；开展26.5km固定样线、30块固定样地调查监测，购置红外相机110台；开展自然生态环境监测，配备气象设备、水文设备、土壤设备、生物设备；配备标本制作与保管设备1套。

（3）公众宣教工程：建设科普教育小径8km，配备公众宣教多媒体设施设备、布展设施设备、补充标本等。

（4）基础设施工程：对4个保护管理站外墙1630m²做保温、内墙5000m²粉刷，更换水暖电地板等设施；采用钢、木、砼、石等材料建造瞭望塔1座，瞭望塔内配备瞭望、监控、报警和通信设备；为蟒河管理站配备污水和垃圾处理设施。

（5）智慧保护区工程：建设智慧保护区基础平台，对网站进行升级改造、开发智慧保护区软件、建设自媒体平台；建设智慧保护区行政系统，配备办公设施设备；开展智慧保护区科普宣教系统建设。

第14章 项目建设方案

14.1 总体布局

14.1.1 功能区划

根据《山西阳城蟒河猕猴国家级自然保护区总体规划(2019—2028年)》,确定各功能分区。

14.1.1.1 核心区

核心区位于保护区的南面,总面积3397.5hm²,占总面积61.00%。核心区的主要作用是保护区内的自然生态系统和物种在不受人为活动干扰下演替和繁衍,保证核心区的地域完整和物种安全。核心区只供科研人员观测研究,禁止任何新的设施建设,禁止任何人进入自然保护区的核心区。因科学研究的需要,必须进入核心区从事科学研究观测、调查活动的,应当事先向自然保护区管理机构提交申请和活动计划,并经省人民政府有关自然保护区行政主管部门批准。

核心区山高林密,地形复杂,生境多样,是野生动物栖息繁殖的主要区域,也是整个保护区的中心地带。不仅猕猴主要在这个区域内活动,而且也生长着集中、连片的栎类、油松次生林,由于采取了一系列保护措施,使得该区域生境保存完好,基本遭受人为破坏。保护区与河南焦作太行山猕猴国家级自然保护区(东至香椿沟、西至邵源)相接壤。二者以省界为界,靠近省界部分双方均为核心区,故蟒河保护区在其核心区的南部未区划缓冲区。

14.1.1.2 缓冲区

缓冲区总面积为419.2hm²,占保护区总面积的7.50%。缓冲区位于核心区外围,用于缓解外界压力,防止对核心区活动的影响,只准进入从事科学研究观测活动。禁止在自然保护区的缓冲区开展旅游和生产经营活动。因教学科研的目的,需要进入自然保护区的缓冲区从事非破坏性的科学研究、教学实习和标本采集活动的,应当事先向自然保护区管理机构提交申请和活动计划,经自然保护区管理机构批准。工程建设中除巡护巡查、科研监测工程外,不设立其他工程。

14.1.1.3 实验区

实验区面积1756.30hm²,占全区总面积的31.52%。缓冲区外围划为实验区,实验区以改善自然生态环境和合理利用自然资源、人文景观资源为目的,可以进入从事科学试验、教学实习、参观考察以及驯化、繁殖珍稀、濒危野生动植物等活动。允许建设保护工程、科研监测工程、公众教育工程以及生态旅游配套工程等,但工程建设和生产生活不得破坏自然资源和自然环境,不得影响自然环境的整体性和协调性,不得危害野生动植物的生长繁衍,不得产生环境污染。

14.1.2 建设布局

(1)核心区和缓冲区。核心区和缓冲区为严格保护区域,以保护野生猕猴和森林生态系统为目的,必须保持其自然原生状态。根据保护管理工作需要，本期拟在核心区和缓冲区开展野外巡护、生态监测等项目建设。

（2）实验区。实验区为重点保护区域，以保护自然资源和自然环境为目的，科学合理地规范利用，为核心区和缓冲区的保护提供对照区域。本期拟在实验区开展野外巡护、公众宣教等项目建设。

14.2 建设方案

14.2.1 保护管理工程

14.2.1.1 巡护步道维护

巡护工作是保护区日常工作的核心，应制订科学的巡护制度，通过日常的巡护、监测，及时了解保护区自然资源的状况，控制人为干扰，制止影响野生动植物生存的行为，救助受伤害的野生动物。由于保护区地形复杂，现有的巡护步道均为乡间小路，年久失修、路面毁坏较多，且路面较窄，通行较差，对巡护步道进行维修维护，一方面利于巡护通行，另一方面还可以作为保护区的应急处置通道。本期拟对树皮沟—黄琅—苇步汕—三盘山 10km、黄瓜掌—三盘山 4km、黄瓜掌—豹榆村—小南岭 6km，共计 20km 的巡护步道，进行路面的清理、路基的维护，对塌方、冲毁的地段进行修补处理，使其利于野生动物的栖息。

14.2.1.2 防火通道维护

保护区地跨的东冶、蟒河 2 个乡镇，均处于阳城县边缘，山大沟深，道路不畅，乡镇界以三盘山山脊为界，20 世纪 70 年代，为了方便两个乡镇之间通行，在地方政府主导下，修建了从东冶镇窑头村黄瓜掌自然庄至蟒河镇蟒河村草坪地自然庄的 10km 通道，保护区成立后，也把黄瓜掌至草坪地的道路作为防火通道，这是保护区内唯一的一条防火通道。本期维护时，对道路两侧做一些灌木、草本清除，对于雨水冲刷严重的地段，修复塌方，铺垫沙石，平整维护，为森林灭火提供了一个有力的作业平台，但不能对周边森林资源造成破坏。

14.2.1.3 保护管理设备

（1）巡护管理设备。加强北斗系统在巡护管理中的应用。通过配备较先进的设备和装备，提高野外巡护能力，有效打击违法犯罪行为，掌握山情、社情、林情动态。项目主要配备巡护设备和装备，详见表 14-1。

表 14-1 野外巡护管理设备和装备内容表

序号	设备装备名称	单位	数量	备 注
1	北斗导航巡护定位仪	台	20	COMOPASS 导航，具备准确定位、轨迹回放、行迹管理、越界报警、火情报警功能
2	旋翼无人机	架	2	悟 2
3	固定翼无人机	架	1	
3	巡护电动自行车	辆	20	
4	野外巡护装备	套	30	专业冲锋衣、巡护工作服、登山鞋、帐篷、户外急救包、简易生活用具（睡袋、防潮垫、指南针、风向风速仪、水壶、雨具、照明工具等）

（2）林业有害生物监测设备。自然保护区是维护生态安全的重要屏障和天然实验室。开展林业有害生物防治，可以为维护保护区生态系统安全提供可参考的本底资料。本项目拟配备必要的调查监测设备等，详见表 14-2。

表 14-2 林业有害生物监测设备内容表

序号	设备名称	单位	数量	备注
1	数码体视显微镜	台	3	
2	智能人工气候箱	个	1	
3	有害生物调查统计器	套	5	
4	虫情测报灯	个	2	
5	放大镜	个	10	
6	培养箱	个	6	

（3）疫源疫病和外来物种监测设备。蟒河保护区是山西省陆生野生动物疫源疫病国家级监测站，主要承担保护区内陆生野生动物疫源疫病监测和阳城县沁河流域候鸟迁飞监测。本期拟配备必要的疫源疫病监测设备，同时加强对外来物种的监测。购置的设备包括监测设备、取样设备、检测设备等，详见表 14-3。

表 14-3 疫源疫病和外来物种监测设备内容表

序号	设备名称	单位	数量	备注
1	调查监测设备			
	单反相机	台	4	科研人员和4个管理站人员使用
	专业镜头	台	2	
	摄像机	台	1	
	高倍望远镜	台	6	
	激光测距仪	台	2	
2	取样、检测设备	套	1	取样及样品消毒、处理、存储、解剖、化验、检测、分析等设备

14.1.2.4 野生动植物保护

建立野生猕猴生态测站的人工投食补给退出机制，采取的办法是两年内每年减少投食量，通过减少投食、人工引导的方法，促进猕猴分群，形成种群竞争的良性机制，使猕猴向核心区扩展。本期拟对现有的 320 只野生猕猴两年投食食物和人工费 20 万，其中第一年投入 12 万，第二年投入 8 万元。

2008 年，蟒河保护区在实验区庙坪初建了南方红豆杉种质资源圃 20 亩，对南方红豆杉进行近地保护，采收区内南方红豆杉种子和嫩条，采用种子繁殖和扦插繁殖的方法，初步繁育红豆杉种苗 2000 株，建立了南方红豆杉种质资源圃。本期在保护区实验区的庙坪、树皮沟建立种质资源圃 $6hm^2$，用于开展以南方红豆极为主的极小种群野生植物近地保护和繁育，分树种设置对照区域，开展种质基因保存与优化研究。种质资源圃内主要收集 13 种极小物种基因资源，进行圃内栽培、繁育，不断扩大其种群数量。

根据国家古树名木保护分级标准，对保护区内树龄 100 年以上的 52 株古树名木进行登记入册，通过设置围栏、定期修剪、人工施肥、定期检查病虫害、实行挂牌保护和监测等方式进行全面保护，建立健全古树名木名录和图片资料库，制定管理和复壮措施。对古树名木较多的区域，如南迪、东迪等进行整体规划和保护，保存优良的基因资源，提升保护价值，既激发人们的自然资源保护意识，又增加科普宣传的体验价值。

14.2.2 科研监测工程

14.2.2.1 专项调查

本期拟进行的极小种群野生植物物种调查，物种包括南方红豆杉、连香树、领春木、山白树、山桐子、山胡椒、木姜子等国家、省重点保护的珍稀濒危植物，以及兰科植物。

拟进行关键野生动物专项监测调查，包括华北豹、原麝、黑鹳、金雕、复齿鼯鼠、大鲵等6种动物，采取样线、样地调查法，布设红外相机，开展珍稀野生动物种群数量、取食规律、栖息地保护等研究。

14.2.2.2 固定样地、样线监测

本期拟对保护区现有的10条样线26.5km、30个固定样地进行监测。固定样地、样线监测的主要内容包括保护区内植被的郁闭度、盖度、频度和生物量，野生动物的种类、数量、分布、种群结构及变化等，森林生态系统的生境、物种组成、种群结构及变化等，通过长期的调查和积累，进行数据整合分析。结合调查监测，在每年雨季过后，对固定样线进行维护，清除影响监测的杂草，整修被暴雨冲刷和破坏路段。

按照全国第二次陆生野生动物资源调查监测技术标准，结合重点保护野生动物专项监测，拟购置红外相机110台。

14.2.2.3 自然生态环境监测

目前，山西省的森林生态定位观测站共有5个主站，5个辅助站，但山西南部的中条山观测站设在夏县，与蟒河保护区相距近200km，因此山西东南部地区的生态观察仍有增设辅站的空间。本期结合生态定位观察辅站的设置，开展自然生态监测的基础工作。

（1）气象监测。观测森林生态系统不同区域的风、光、温、湿、气压、降水、土温等气象因子，了解不同区域小气候差异，拟在丁羊顺设立1个观测点，配备Campbell小型自动气象站1套、HOBO自动气象站5套、梯度气象观测塔传感器2个、CPR-KA空气自动监测仪1台、AIC 1000负氧离子浓度仪5台、XK-8928噪声检测仪3台。

（2）水文监测。水文状况直接影响到森林生态系统的演替趋势，对水文状况的准确掌握利于保护的分类施策。本期拟配备监测设备QYJL006便携式地表坡面径流自动监测仪5台、自动水文监测仪2台、FLGS-TDP插针式植物茎流计3台、YSI Proplus便携式水质分析仪2台，对蟒源、蟒湖、阳庄河的水文数据进行监测，把监测数据接入智慧保护区平台。

（3）土壤监测。配备土壤监测设备EM 50土壤温湿度测定仪2台、BL-SCB风蚀自动观测采集系统1项、TRIME-PIC064便携式土壤水分测量仪2台、U50便携式水质分析仪1台、SC-900土壤坚实度仪1台，通过对森林生态系统土壤有机碳含量观测，测算土壤固碳能力。土壤观测的内容包括：土壤理化性质，如土壤厚度、颜色、含水量、总孔隙度等；土壤化学性质，如土壤PH值、有机质、水溶性盐分总量、全N、全P、全K、全Mg、全Ca等。并购置土壤导水率测量系统等监测设备。所有实时数据纳入智慧保护区平台建设，对数据进行科学管理和分析。

（4）生物监测。购置CD03型光合叶面积仪1台、LINTAB年轮分析仪1台、全站仪1台、超声测高测距仪1台、罗盘3台、电子秤3台等，开展森林生态系统、重点是栎类林分生长规律的观测和研究。

14.2.2.4 科研标本制作与保管设备

本期拟购置科研标本制作工具10套，购置科研标本保管设备1套，包括标本柜、昆虫采集工具、低温冷冻杀虫柜、加湿抽湿机、防尘防潮箱等，增设标本展览柜。

14.2.3 公众宣教工程

14.2.3.1 科普教育小径

建设树皮沟至猴山 8km 科普宣传小径。重点围绕野生猕猴保护开展宣传教育，建设猕猴文化长廊、观察平台宣教栏，配备引导解说系统 1 套，结合猕猴在森林生态系统中的竞争、排斥、融合等知识，进行生物多样性保护宣传，宣传与猕猴共生共存的金钱豹、原麝等野生动物，以及猕猴食源植物的特征和生境等知识。并在科普小径旁设立生态警示宣传牌，安放电子宣传设备，并悬挂树木标识二维码牌 500 块，让社区公众真正体会自然生态的魅力。

14.2.3.2 公众宣教设施设备

目前，保护区的公众宣教设备处于起步阶段，需要补充宣教设施设备，建立公众宣教体系。本期拟在生态文明科教基地，配备宣教设施开宣教工作，同时对生态文明科教基地进行简单装修，进行顶面墙面处理、屋顶防水处理，达到现代化多媒体展厅的要求。

公众宣教展示的内容主要包括：利用地面、墙面、天板构架，展示保护区基本情况和保护发展情况；利用声光电、气味、重塑整体空间环境的办法，展示保护区自然资源、地质地貌、生物多样性等情况；运用多杂高清 LED 显示屏等相关设备。采用多媒体电教系统、灯箱展板、虚拟导航系统、标本陈列柜、科普展示橱窗、全景模型沙盘、立体投影系统等，实现科普教育功能；设置访客互动操作设备，增强公众宣教的趣味性和可参与性。

14.2.4 基础设施工程

14.2.4.1 保护管理站维护

保护区内现有的蟒河、东山、树皮沟、索龙 4 个保护管理站站址均处在山大沟深处，夏季潮湿炎热，冬季寒冷干燥，截至 2017 年底，建站年限均超过 12 年，规划期内，拟对现有的 4 个保护管理站进行维护，外墙做保温材料处理 1630m²，其中蟒河 500m²，东山 450m²，树皮沟 400m²，索龙 280m²。完成内墙进行粉刷 5000m²，更换部分老化线路和水暖电等设施设备。

14.2.4.2 瞭望(塔)及设备(含通讯)

瞭望(塔)的设置，必须视野宽阔、控制范围广。设置位置、结构形式和高度，应顺应自然地形地势条件。本项拟在菁步迆附近选制高点(实验区)建瞭望塔 1 座，辐射范围可达中部及东北部区域，瞭望塔高 18 米，底部 5m×5m，上部 4m×4m，共四层，采用钢、木、砼、石等材料建造，瞭望塔内配备瞭望、监控、报警和通信设备。瞭望(塔)主要功能是作为巡护管理的重要补充，及时发现破坏森林资源情况，具有有害生物防控职能，同时作为陆生野生动物疫源疫病监测的重要设施，在候鸟迁飞季节进行鸟类定点观察和救助。

14.2.4.3 环境整治

为蟒河管理站建设污水和垃圾处理设施 1 套。对蟒河管理及周边自然庄村 300 余户居民的生活污水等采用集污管道入户，安装污水处理站设备一套，含 QMY 个体化设备 1 台、QJ-15 过滤器 2 台，控制系统、消毒柜，采用一体化+砂滤+消毒+回用等工艺，进行处理。配备垃圾分类回收箱 6 台，垃圾处理、集中封闭焚烧设施 1 套，倡导绿色生活方式，加强对蟒河管理站及周边区域环境的保护。通过蟒河管理站污水和垃圾处理设施建设，基本解决实验区内最大的行政村——蟒河村的污水和垃圾处理问题，为美丽乡村、美丽保护区建设作出示范。

14.2.5　智慧保护区建设工程

蟒河保护区智慧保护区建设是以国家森林资源保护"一张图"为基础，以保护区矢量化数据、数字DEM、遥感影像、保护区功能区划数据、森林资源二类调查数据、动植物资源本底调查数据为主体，构建智慧保护区基础平台，并开发软件植入 Desktop 终端和手持移动终端。充分利用在大数据、互联网、云计算、人工智能、北斗 COMPASS 导航定位仪等现代化先进信息技术手段，接入森林防火视频监控数据、野生动物红外线监测视频数据、各类生态监测数据、无人机监测数据。按照统一规划、统一标准、统一制式、统一管理的原则，通过整合资源数据、调查数据、监控数据、日常办公数据，为生物多样性保护提供更加丰富的数据支撑。智慧保护区平台建设由森林资源矢量图、智慧行政、智慧管护、智慧科研监测、智慧宣教和智慧共建等 6 个子系统构成。

本期建设智慧保护区的主要内容是：

（1）基础平台建设：聘请有关软件公司开发蟒河保护区智慧保护区平台，采购 1 套信息化建设基础设施设备，包括计算机网络设备、服务器设备、信息安全设备、机房辅助设备、不间断电源、电脑、LED 显示屏，在科研办公楼内设置专用机房。

（2）资源一张图：把保护区自然资源科学考察成果、森林资源二类调查成果、林地变更年度成果、各种专项成果等数据按统一标准全面矢量化，从而形成保护区资源一张图，该图为智慧保护区平台基础数据底图。

（3）智慧行政：对保护区现有网站进行改造升级，利用保护区内部网络专线，连接各保护管理站、管理点，通过系统整合，以审批流转、公文发文、信息发布等为主要应用，全面实现无纸化办公，提高公文处理流通环节的工作效率。

（4）智慧管护：包括资源巡护、森林防火、林业有害生物防治、疫源疫病监测。蟒河保护区资源监测包括保护区自行组织的野生动物科学考察研究、重要物种实时监测、日常巡护野生动物视频监控调查等。

（5）智慧科研监测：以建设山西省省级生态定位监测辅站为契机，对生态定位数据传输到智慧平台，及时对数据进行分析。同时，对样地、样线的调查监测数据，及时进行上传，对极小种群野生动植物专项调查数据等也要及时上传，供使用分析。

（6）智慧社区。构建保护区管理人员、技术人员和社区群众互动平台，保护区将社区共建的有关要求和具体内容等信息及时向社区群众发布；社区群众及时把自己掌握的保护区资源情况向保护区报告，同时，也可以向保护区反映合理的诉求，促进保护区与社区的共建共管。

（7）智慧宣教。组织技术人员制作宣传教育材料，包括森林资源保护、科学研究动态、野生动植物资源监测、社区共建等系统中采集社会关心的资源数据、照片、视频等信息，以生态文明建设、人与自然和谐相处为主题，构建不同的专题，向社会公众宣传。在实验区，结合生态旅游，开展体验式宣教活动，通过设置展板、宣传标语、二维码等，向公众宣传教育。本项拟建设无线安全系统（免费WiFi 或 WAPI），灵活划分使用权限，保护区工作人员和社区公众的网络相互隔离，采用不同的安全策略，维护网络安全。按照公安部对公共场所上网的要求，设置网络防火墙，保证网络安全、信息安全。

智慧保护区建设主要内容详见表 14-4。

表 14-4 智慧保护区建设内容表

序号	设备名称	单位	数量	备注
1	基础平台建设			
1.1	智慧保护区网站升级改造	项	1	
1.2	智慧保护区软件开发与集成	项	1	软件开发与系统集成服务
1.3	自媒体建设平台	项	1	包括微信、博客、论坛/BBS、百度贴吧等网络社区
1.4	计算机网络设备	套	1	路由器、交换设备、集线器、网络控制设备、网络接口与适配器、网络连接检测设备、负载均衡设备等
1.5	服务器	台	1	
1.6	信息安全设备	套	1	包括防火墙、入侵检测和防御设备、漏洞扫描设备、安全路由器、计算机终端安全设备、虚拟专用网等
1.7	机房辅助设备	套	1	机柜、机房环境监控设备
1.8	不间断电源	个	1	
1.9	全彩 LED 显示屏	块	1	
2	行政管理系统			
2.1	空调	台	20	
2.2	保密电脑	台	2	
2.3	台式电脑	台	10	
2.4	笔记本电脑	台	4	
2.5	A3 彩色激光打印机	台	2	
2.6	A4 激光打印机	台	4	
2.7	传真机	台	4	
2.8	中高速复印机	台	1	
2.9	高速文档扫描仪	台	2	
2.10	碎纸机	台	11	
2.11	投影仪	台	1	
2.12	电脑电视一体机	台	6	
2.13	视频会议系统设备	套	1	含视频监控系统
3	科普宣教系统			
3.1	无线安全系统建设	套	1	WiFi 或 WAPI

14.3 方案可行性分析

项目所需购置的仪器设备均为当前市场上能够购买到的，可以通过招标方式进行采购。所采购的设备安装简单，且中标单位均可进行业务培训完成。

项目中的科研监测、极小种群野生物种拯救等方案，均可通过专题培训业务人员的方式解决。项目中的保护管理站维护等，可以组织招标，通过专业的施工队伍完成建设任务。

项目建设单位承担完成了保护区 2001—2015 年总体规划建设任务，具有较为丰富的工程建设组织管理经验，可以为项目的实施提供管理保障。

综上所述，项目建设方案可行。

第15章 消防、安全、卫生、节能节水措施

15.1 消防安全

加强项目建设期和日常管理的消防措施，坚持"预防为主、防治结合、因害设防、突出重点"的原则，维护公共安全，保障人员和财产不受伤害。

(1) 设立消防机构，加强消防安全工作，做好消防安全值班值守，发现情况及时汇报并组织人员扑救。

(2) 按照《中华人民共和国消防条例实施细则》和《建筑设计防火规范》要求，对于项目区主要建筑物内建立消防安全责任制，把责任落实到人。

(3) 加强野外火源管理，在主要入山路口和火灾易树地段竖立警示牌、悬挂防火旗、刷新防火宣传标语，避免森林火灾发生。

(4) 配备扑火机具，加强机具维护、检修，保证机具性能良好。

15.2 劳动卫生安全

全面贯彻"预防为主、安全第一"的方针，在项目建设和后期管理中，按照国家规定的劳动安全和卫生标准，保障劳动者在生产过程中的安全与健康。

(1) 建立完善的劳动安全卫生责任体系，制订安全卫生工作制度，确保工程项目建设中的安全。

(2) 加强劳动安全生产教育培训，未经过相关专业知识和安全教育培训的人员不得上岗，取得国家承认的相关资质证书的人员，优先安排上岗。

(3) 开展野外巡查、科研监测、数据采集、样线调查等工作时，配备好巡护工具、急救物资、卫生防护、无线联络设备等，防止突发事件发生。

(4) 加强项目施工安全卫生管理，做好宣传教育，增强施工和管理人员的安全意识。

(5) 项目建设中采用的新工艺、新技术、新材料或使用的新设备，必须掌握其安全技术特性，采取有效的安全防护措施，并对从业人员进行专门的培训。本可研中所选用的设备均为国内外先进设备，经过国内多家生产厂家使用，各项指标均安全可靠。

15.3 节能节水措施

15.3.1 节能措施

(1) 采购野外巡护、森林防火、科研监测、智慧保护区建设的设备均选用节能环保型设备，达到

国家相关技术标准。

(2)结合项目区实际,加强对污染物和废弃物的及时收集处理。

(3)完善节能相关制度,保障项目区节能措施能够落到实处。

15.3.2 节水措施

(1)项目建设中,使用节水装置,采取有效措施,防止对水源造成污染。

(2)保护管理站、生态文明宣教基地采用新型节水设施,水龙头采用节能感应式新型水龙头,卫生间采用感应冲刷式节水装置。

(3)加强项目区日常用水管理,防止跑冒滴漏,造成水资源浪费。

第16章　环境影响评价

16.1　环境现状

蟒河保护区区内无工矿企业，周围20km区域内无工业污染，保护区加强日常管理和巡护，区内生产经营活动均严格按照《自然保护区条例》等规定执行，有力地保护了区内生态环境。在保护区的发展中，依托保护区得天独厚的自然生态条件，保护区及周边空气质量良好，水源和土壤均没有受到污染，区内生物多样性稳定，生态系统质量提高，维持了动态平衡。近年的资源调查中，发现了10余种保护区野生动物新记录种。

16.2　项目建设对环境影响分析

16.2.1　项目建设期

(1)对植被的影响。本项目没有土石方开挖工程，且保护管理站的外墙保温项目均在规定的区域内实施，对自然植被及其生境无破坏。

(2)空气污染。项目建设中，运送材料设备的交通工具尾气排放，可能会对大气环境造成局部影响。

(3)废水污染。项目建设期内，施工人员和工作人员产生的生活污水，必须集中收集处理，避免对环境造成不利影响。

(4)固体废弃物污染。建筑垃圾、生活垃圾、电子垃圾等固体废弃物，要加强管理，做好集中处理，避免对生态环境造成不良影响。

(5)噪声污染。项目建设中，施工机械、运输车辆、施工作业等可能产生噪声污染。

(6)疫源疫病和有害生物入侵。设施设备运输、包装材料等，可能扩大疫源疫病和有害生物的传染途径，危及生态安全。

16.2.2　项目运营期

(1)空气污染。项目运营期间，入区交流人员增多，交通工具随之增加，车辆排放的尾气可能对环境造成短期影响。

(2)废水污染。项目建成后，区内群众和入区人员的生活污水必须集中收集，避免对环境行造成影响。

(3)固体废弃物污染。项目运营中，各种电子设施设备以及设备电池等报废时产生的"电子垃圾"，必须加强管理和处理，避免对环境产生负面影响。

16.3 环境保护措施

(1)认真贯彻执行有关环境质量标准、污染排放标准以及环境样品标准、环境基础标准等环境标准的规定,把环保工作列为项目目标管理的重要内容,强化环境质量责任制。

(2)加强施工场地的环境管理,对施工中临时占用场地,尽量使用已做水泥硬化处理过的地面,不破坏周边林草植被。

(3)合理处理"三废",对项目建设中产生的废弃物进行集中处理或再利用,提高使用率,减少对生态环境的使用成本。

(4)加强对项目采购中的设施设备监管,所使用的材料必须达到国家标准,对人体无害。安装仪器设备时,要安全生产,杜绝安全隐患。

(5)施工中要尽量采用低噪音或静音设备,消除或减轻噪声对环境的影响。

(6)严格执行环境监测管理制度,对不符合环境保护要求的,责令停工整改,达到要求后方可施工。

16.4 环境影响评价

本项目所涉及的保护管理工程、科研监测工程、公众宣教工程和智慧保护区建设,以设备购置、使用为主,基础设施建设仅对保护管理站、生态文明科教基地进行墙面等处理,在施工过程中对周围环境有一些影响,主要为工程的运输、施工机械的使用,施工人员在作业过程中可能产生火灾隐患等,但是,通过采取有效的控制措施,这些影响都是短暂的、可控或可恢复的。

项目建设对土壤、植被几乎不会造成影响,对大气、水环境污染主要源于项目施工期间的废弃物、污水和生活垃圾的丢弃和排放。由于项目建设工程体量小,其影响范围可控,因此,对环境的影响较低。

项目以保护自然资源和生态环境主要目标,通过分析,该项目建设符合国家环境保护法规和环境功能规划要求。因此,通过采用科学合理的工程设施和严格管理,基本不会对环境造成影响。

第17章 招标方案

17.1 依据和范围

17.1.1 依 据

(1)《中华人民共和国招标投标法》(2017年12月修订);
(2)《中华人民共和国招标投标法实施条例》(2019年3月修订);
(3)《工程建设项目可行性研究报告增加招标内容和核准招标事项暂行规定》(2001年国家发改委令第9号);
(4)国务院关于《必须招标的工程项目规定》的批复(国函〔2018〕56号)。

17.1.2 范 围

本项目的施工、监理以及设备采购需要实行招投标管理。

17.2 招标组织形式

招标组织形式主要分为自行招标和委托招标两种形式。本项目所有的建安工程、设备采购、工程监理均采用委托招标的形式。

17.2.1 招标流程

(1)招标准备工作。该项目属于生态建设项目,其总体设计、施工、工程监理、设备采购均应进行招标,根据项目规模选择招投标代理公司管理,采取公开招标或委托招标的方式(表17-1)。
(2)发布招标公告或投标邀请书。
(3)对招标项目采用资格后审。
(4)编制和发售招标文件。招标文件提出技术要求,对投标人资格审查标准、报价要求、评标标准,编制工程量清单。
(5)现场踏勘、召开投标预备会。组织潜在投标人踏勘项目现场,介绍工程场地和相关环境情况,投标人在领取招标文件及踏勘现场后提出问题,招标人进行必要的解答。
(6)投标、开标、评标和定标。按照相关法规和规定,客观公正地对投标人的投标进行评标和定标,选择最合适的投标人,签订建设或采购合同并公示后,进入到项目建设的实施阶段。

17.2.2 招标要求

(1) 严格资质审查,严格招标程序,体现公开、公平、公正原则,确保工程项目建设质量。
(2) 加强对招标工作的组织领导,加大对招标全过程的监督力度。
(3) 项目建设方加强对承建方的监督和管理,不得干预工程项目的监理。

表 17-1 建设项目招标方案表

建设项目名称:山西阳城蟒河猕猴国家级自然保护区基础设施建设项目
建设单位:山西阳城蟒河猕猴国家级自然保护区

招标内容	招标范围		招标组织形式		招标方式		不采用招标方式	备注
	全部招标	部分招标	自行招标	委托招标	公开招标	邀请招标		
勘察设计	√			√		√		
建安工程	√			√	√			
设备采购	√			√	√			
工程监理	√			√	√			
其他								

第18章 项目组织管理

18.1 建设管理

18.1.1 组织机构

保护区成立项目建设组织机构,对于每项工程分别制定实施计划,强化组织领导,明确责任分工,建立各负其责的工作机制。

18.1.2 机构设置

成立蟒河保护区基础设施建设项目领导小组,局长任组长,分管局长任副组长,成员为各科室和各保护管理站负责人。项目领导小组下设项目建设办公室,设立正、副主任各一名,执行项目领导小组的决策。

18.1.3 机构职责

项目领导小组是项目实施的决策和协调机构,负责研究解决项目实施过程中的重大事项,项目的实施执行"三重一大"事项议事规则,组长和副组长各司其职,谋划解决好项目的整体和局部协调实施,各成员密切配合,加强对实施中问题的协商解决。

项目领导小组办公室负责项目实施的组织、协调、监督和检查等项工作。

18.1.4 管理方案

18.1.4.1 计划管理

加强对项目建设进度、工程质量、资金使用等工作的全面监督和管理,充分考虑各方面情况,制定详细计划。计划包括设施建设、物资采购、设备购置、资金使用进度以及安全培训等内容。项目计划通过项目领导小组研究审核后下达计划,由相关部门和单位执行。

18.1.4.2 工程管理

(1)实行目标管理责任制:把总目标与任务进行自上而下层层分解,最终落实到个人,并进行严格的考核评价,以确保目标的全面完成;

(2)建立有效的信息管理系统和监测系统;

(3)推行项目资本监管制、项目法人责任制、工程建设招投标制;

(4)实行规范化管理,严格按规划立项、按项目管理、按设计施工、按标准验收;

(5)要实行工程项目质量监督和责任追究制度,实行资金流向和使用审计制度,确保投资效益。

18.1.4.3 资金管理

(1)建立、健全完善的资金管理办法,明确规定项目资金的使用范围,实行专款专用,独立核算,绝不允许挤占挪用、截留、拖欠或改变投金方向。

(2)严格执行资金报账制度,领导层和财务部门要严格把关,杜绝不合理支出。

(3)加强资金使用的跟踪检查和审计,确保资金的合理有效使用,并接受上级有关部门的审计监督。

18.1.4.4 物资管理

对于各类工具、仪器设备等物资,设立专管人员,明确管理责任,对物资的进出采取出入库登记审批制度,定期对物资进行数量清点。

18.1.4.5 信息管理

加强项目建设全过程的信息化管理,及时掌握项目实施进度和资金使用情况,提高项目建设效率。

18.2 运营管理

18.2.1 运营机制

本项目的立项审批由建设单位主管部门统一组织、指导实施,项目建设期由项目建设单位和工程监理加强监督和管理,工程竣工后由项目建设单位做好后续管理。

18.2.2 保障措施

(1)政策保障。党的十九大提出建设生态文明,党中央对生态文明建设提出一系列重要理论,中共中央、国务院提出了建立以国家公园为主体的自然保护地建设指导意见,为保护区建设指明了方向,提供了政策支撑。国家和省高度重视自然保护区建设,把公益性建设纳入了政府财政预算,使自然保护区基础设施建设项目有了良好的基础。

(2)资金保障。在争取中央财政资金的同时,地方配套资金也积极支持,项目立项批准实施后,地方配套资金也将及时足额到位,能够保障项目资金的使用。

(3)质量保障。项目建设实行目标责任制和质量负责制,可以提高项目的整体管理水平,项目建设办公室要加强监督检查,及时解决项目实施中出现的各类质量问题,发现问题,立即整改解决。

(4)技术保障。项目建设单位上级主管部门加强对项目技术问题的指导,项目建设单位加强与省内外科研单位、大专院校的技术交流和合作,拓宽项目研究领域,有计划地开展技术培训,进一步提高技术人员的专业水平,提高技术支撑保障能力。

18.2.3 人员编制

结合保护区目前现状和工作实际,项目工作人员由保护区现有工作人员兼任,其他人员采取聘用临时人员的办法解决,本项目建设期不增加人员编制。

第19章 项目实施进度

19.1 建设期限

项目建设期2年，即2020—2021年。

19.2 进度安排

项目按照先重点后一般、先易后难、先急后缓的原则进行安排。2019年进行建设项目的前期准备工作，包括项目可行性研究报告的立项和审批、初步设计和施工图的编制与报批、部分重要仪器市场调查等。2020年完成初步设计编制及审批、招标及工程建设准备工作，建安工程及部分设施设备的购置。2021年完成部分建安工程及设备购置安装，进行人员培训，完成项目建设各项内容，项目竣工验收。项目建设分年度进度安排表详见表19-1。

表19-1 项目建设分年度进度安排表

序号	项目名称	2019年				2020年				2021年			
		第一季度	第二季度	第三季度	第四季度	第一季度	第二季度	第三季度	第四季度	第一季度	第二季度	第三季度	第四季度
1	可行性研究报告立项审批			√	√								
2	初步设计文件编制及审批				√	√							
3	施工招标及施工准备					√	√						
4	建安工程						√	√	√	√			
5	设备购置								√	√	√	√	√
6	竣工验收												√

第 20 章　投资估算与资金来源

20.1　投资估算编制说明

20.1.1　估算原则

(1) 严格管理原则。对于项目投资必须严格管理，使资金能够按照规定和技术要求进行使用。
(2) 效率优先原则。充分利用好现有的基础设施和设备，节约项目资金，提高资金的使用效率。
(3) 前瞻性原则。项目建设资金要列支不可预见费，保证项目建设中能够预防突发事件，保证项目顺利实施。

20.1.2　估算依据

(1)《自然保护工程项目建设标准》(建标 195—2018)；
(2)《关于发布工程建设监理费有关规定的通知》([1992]价费字 479 号)；
(3) 国家计委《招标代理服务收费管理暂行办法》(计价格[2002]1980 号)；
(4) 国家计委、建设部《工程勘察设计收费管理规定》(2002 年修订本)。

20.1.3　取费标准

(1) 咨询费按《建设项目前期工作咨询收费暂行规定》计算；
(2) 勘察设计费按《工程勘察设计收费标准》计算；
(3) 建设单位管理费按《基本建设财务管理规定》计算；
(4) 工程监理费按《建设工程监理与相关服务收费管理规定》计算；
(5) 招投标费按《招标代理服务收费管理暂行办法》计算；
(6) 设备、仪器和材料根据有相关资质的公司报价或现行市场价格确定；
(7) 工程建设其他费用参照相关标准执行。

20.2　投资估算

经估算，蟒河保护区基础设施建设项目总投资 2657.97 万元(附表 10)。其中：工程费用 2372.00 万元，占总投资的 89.24%；工程建设其他费用 159.40 万元，占 6.00%；基本预备费 126.57 万元，占 4.76%。按建设类型分，建安投资 220.00 万元，占总投资的 8.28%；设备投资 1134.50 万元，占总投资的 42.68%；其他投资 1303.47 万元，占总投资的 49.04%。

工程费用中，按工程项目分，保护管理工程 547.30 万元，占工程费用的 23.07%；科研监测工程

688.70万元，占工程费用的29.03%；公众宣教工程530.00万元，占工程费用的22.34%；基础设施工程280.00万元，占工程费用的11.81%；智慧保护区工程326.00万元，占工程费用的13.75%。

20.3 项目运行(管理)经费

本项目属生态公益性质的基础设施设备项目，项目建设完成后的运行管理主要是巡护管理、科研监测、相关设备设施维护等方面。

20.4 资金来源

20.4.1 项目建设经费来源

总投资中，按资金来源分，拟申请中央财政资金2146.40万元，占总投资的80%；地方配套资金511.57万元，占总投资的20%。

20.4.2 项目运行经费来源

项目运行(管理)经费由地方配套解决。

第 21 章 综合评价

21.1 项目风险评价

21.1.1 风险因素

（1）市场风险。受市场动态影响，项目建设所需的材料、设备等可能由于市场紧缺导致价格升高，影响项目的顺利实施。

（2）资金风险。受国家和地方财政对自然保护区资金支持的政策性影响，可能导致项目实施受到影响。地方配套资金不足或不能及时到位，将使项目资金出现缺口，影响项目的正常实施。

（3）管理风险。项目组织管理机构的决策失误，或项目领导小组成员的失职，以及项目管理的混乱，也将导致项目无法实现预期目标。

21.1.2 风险评估

根据风险发生的可能性以及风险造成的损失，将风险程度等级分为红、橙、黄、绿4个等级，绿色等级为一般等级，黄色等级为较大等级，橙色等级为严重等级，红色等级为重大等级。

（1）市场风险评估。项目建设所需的材料及设施设备，均为近年来常用或不断更新的种类，市场货源充足，可以保证项目建设需求。同时，项目设计已考虑了市场价格浮动因素，市场风险在可控范围内，等级评估为绿色。

（2）资金风险评估。在生态文明建设思想的指导下，我国国力昌盛，中央财政资金可以按时足额到位。地方财政配套资金由省林业和草原局负责协调落实，可以予以保证。项目投资估算中列支了各项规费和基本预备费，可以满足资金需求。资金风险等级评估为绿色。

（3）管理风险评估。保护区加强党风廉政建设，对党员领导干部的管理实行"一岗双责"，在"不忘初心、牢记使命"主题教育中，广大党员干部思想和政治素质有了明显提高，为项目的管理提供了保证。同时，保护区承担完成了2001—2015年总体规划建设任务，有较丰富的项目组织管理经验。因此，管理风险等级评估为绿色。

21.1.3 风险防范

项目建设虽然面临一定的风险，但通过风险等级评估，所存在的风险对项目均为一般风险。项目建设中必须把防范风险、安全生产放在突出位置，加强对风险的防范。

（1）市场风险防范。加强市场调查，掌握市场动态，对所需物资价格和供求市场情况进行风险预测，关注市场情况，积极采取应对策略。

（2）资金风险防范。加强对项目的招投标管理，降低采购费用，节约资金使用。对项目建设实行劳务承包管理，降低劳动用工风险。项目完工后进行竣工审计，由第三方机构对建设项目进行造价评估，压缩市场成本。

（3）管理风险防范。制定项目质量监督管理办法、资金使用管理办法、资金报账规范管理，定期或不定期召开管理决策分析会，提高科学决策水平，开展项目施工、监督、管理、技术培训，提高项目实施效率。

21.2　项目影响分析

项目实施和运营过程中，对生态环境的影响是很少的，项目完成后将有利于生物多样性保护，维护良好的生态环境，促进生态文明建设。

21.3　项目效益评价

21.3.1　生态效益

保护措施的不断完善，将有效地维护保护区生物物种长期稳定，保护区内的森林植被质量必将进一步得到提高，珍稀濒危物种必将得以繁衍发展，成为重要的生物资源保护基地。项目的实施将使保护区的生态系统得到保护，生态系统的自我调节能力得到提高，生态系统内部的物质循环、能量流动、信息传递将保持相对稳定的动态平衡，具有良好的生态效益。

21.3.2　社会效益

保护区有着得天独厚的自然地理条件和丰富的生物资源，地带性成分与过渡性成分在蟒河都比较明显，这在全球同纬度带中具有典型性和代表性。保护区内的生物资源，是人类共同的财富。保护区的建立和发展，将为人类永久地保留这些资源做出贡献。同时，保护区丰富的自然资源、景观资源又成为生物科学研究、教学实习、科学知识普及与生态体验的理想场所。

项目的实施将有利于加强保护区与科研院所的交流合作，有利于人才的培养，有利于引进技术和资金，提高保护区的管理和建设水平，为山西自然保护区建设提供典型经验。

21.3.3　经济效益

项目的实施将使保护区的森林资源、生态产品资源得到更好的保护和规范利用，有利于提高经济效益。将有效增加社区和居民的经济收入，社区经济结构将得到科学调整，自然资源将得到可持续利用。同时，周边地区经济的发展将服务国家精准扶贫建设，帮助群众脱贫致富，使群众生活逐步达到小康水平，为全面建设小康社会、建设美丽中国做出积极的贡献。

第 22 章　结论与建议

22.1　结　论

蟒河保护区基础设施建设项目实施后，保护区的野生猕猴资源和暖温带森林生态系统将得到更加有效的保护，生态系统功能不断增强，维护生态系统安全的作用将得到更大程度的发挥。保护区的管理机制将更加科学，保护管理和科研监测手段将更为先进。同时，项目的实施将增强保护区的自我发展功能，保护区管理站工作人员的办公和生活条件将得到进一步的改善。项目实施将强有力地推动生物多样性保护，为建设山西南部的物种基因库、生态文明科教基地、保护管理示范引领奠定坚实的基础，促进保护区与科研院所的交流与合作，进一步提高蟒河保护区的知名度和影响力。

项目的实施，不仅是保护我国亚热带向暖温带过渡带森林生态系统的需要，是保护华北地区唯一的非人灵长类猕猴的需要，也是增强保护区的自然保护管理实施能力，提高科研监测水平的需要，既保护区了山西高原边缘地带的自然生态环境，又保障了山西南部的生态安全。本项目建设基础条件好，总体布局合理，建设规模适度，组织保障有力，项目建设是必要的，也是可行的。

22.2　建　议

（1）实施蟒河保护区基础设施建设项目是落实保护区总体规划的总体目标和建设任务的关键时期，项目建设资金需要中央财政和地方财政予以大力支持，建议国家林业和草原局尽快予以立项审批，确保项目顺利实施。

（2）项目建设应引入工程监理制和第三方造价评估机制，规范建设管理程序，保证项目质量安全、资金安全、干部安全。

（3）项目资金的使用管理应按照财务管理制度要求，严格执行，不打折扣。

（4）项目运行阶段要处理好保护与发展的关系，促进保护区与社区协调发展，建立保护管理与科学研究相结合、公众宣教与社区共建相结合的良性互动和发展机制。

附表 1 山西阳城蟒河猕猴国家级自然保护区社区情况统计表

统计单位	行政村	自然庄	户数	人口				农村劳动力	产值/万元				人均收入（元）	教育				医疗			其他		
				小计	核心区	缓冲区	实验区		小计	第一产业	第二产业	第三产业		中小学数量	教师人数	学生人数	入学率（%）	卫生机构	医务人员	医疗床位	粮食产量/吨	牲畜/头	家禽/只
1	2	3	4	5	6	7	8	9	10	11	12	13	14	15	16	17	18	19	20	21	22	23	24
保护区合计	6	29	633	1709	778		931	482	5074.10	2188.20		2885.90	6738.70	3	20	284	100	6	14	26	22	23	24
		10	382	1091	249		842	340	2717.40	1012.60		1704.80	8126.00	1	2	24	100	1	2	5	1005	991	120
蟒河镇	蟒河村	洪水	61	172	172			55													625	615	38
		南河	27	77	77			24															
		朝阳	25	72			72	21															
		庙坪	25	70			70	20															
		前庄	23	67			67	22															
		后庄	32	92			92	28															
		秋树沟	33	108			108	30															
		东池	61	157			157	52															
		草坪地	14	43			43	10															
		南池	81	233			233	78															
		10	210	529	529			142	1530.10	536.60		993.50	4378.20					1	1	2	340	292	56
蟒河镇	押水村	押水	39	105	105			30															
		西坡	8	20	20			6															
		东洼	18	53	53			13															
		李沟	15	40	40			8															
		上康凹	24	64	64			15															
		下康凹	20	50	50			10															
		小天麻	23	62	62			18															
		大天麻	43	103	103			35															
		前河	19	30	30			6															
		川草坪	1	2	2			1															

（续）

统计单位	行政村	自然庄	户数	人口			农村劳动力	产值/万元				人均收入（元）	教育				医疗			其他		
				小计	核心区	缓冲区	实验区		小计	第一产业	第二产业	第三产业		中小学数量	教师人数	学生人数	入学率（%）	卫生机构	医务人员	医疗床位	粮食产量/吨	牲畜/头	家禽/只
蟒河镇	桑林村	2	41	89			89		826.60	639.00		187.60	5700.00	2	18	260	100	1	3	6	40	84	26
		前沟	23	53			53																
		后沟	18	36			36																
	辉泉村	3																1	1	2			
		杨甲																					
		麻地沟																					
		泉注																					
	窑头村	1																1	5	8			
		丁羊顺																					
东冶镇	西冶村	3																1	2	3			
		东黄峧																					
		西黄峧																					
		苇步迪																					

附表 2 山西阳城蟒河猕猴国家级自然保护区管理局人员现状统计表

单位：个

人员构成	文化结构						职称结构					职工数			退休人员
	小计	硕士以上	本科	专科	中专和高中	初中及以下	小计	高级	中级	助工	技术员	其他	小计	正式职工	临时工	
保护区合计	15	1	4	5	6	7	8	9	10	11	12	13	14	15	16	17
管理人员	8	1	5	5	2	2	9	1	2	4	2		36	15	21	9
保护宣教	4		3	4			6	1	2	1	2		9	8	1	
科研监测	3	1	2	2			3	1	2				23	4	19	
			1	1									4	3	1	

注：森林公安民警 5 人，由山西省森林公安局中条山分局安排，调整。

附表3 山西阳城蟒河猕猴国家级自然保护区基础设施现状统计表

现有建筑用房(m²)		现有交通		现有通讯		主要管护设备	
合计	1768.58	干线公路/km	17.5	通信线路/km	29	森林防火设备	风力灭火机20台、高压细水雾8台、油锯6把、割灌机3台、二号工具30把
局机关用房	1074.2	支线公路/km	10	电话/台	5	气象监测设备	已报废
库房	45	巡护路/km	40	电台/台	0	水文监测设备	已报废
管理站用房	694.38	汽车/辆	1	对讲机/台	10	生态监测设备	已报废
附属	34.38	摩托车/辆	0	输电线路	27	病虫害防治设备	昆虫诱捕灯10个
其他		其他				办公设备	电脑14台、笔记本电脑7台、传真机1台、打印机3台、复印机1台、投影仪1台、扫描仪1台、档案密集柜1套

注：现有建筑用房中，库房在局机关用房中占用45m²；附属用房在管理站用房中占用34.38m²

附表4-1 山西阳城蟒河猕猴国家级自然保护区重点保护野生动物名录

编号	中文名	拉丁名	保护级别
1	黑鹳	*Ciconia nigra*	国家一级
2	金雕	*Aquila chrysaetos*	国家二级
3	金钱豹	*Panthera pardus*	国家二级
4	原麝	*Moschus moschiferus*	国家一级
5	大鲵	*Andrias davidianus*	国家二级
6	鸢	*Milvus korschun*	国家二级
7	苍鹰	*Accipiter gentilis*	国家二级
8	雀鹰	*Accipiter nisus*	国家二级
9	松雀鹰	*Accipiter virgatus*	国家二级
10	大鵟	*Buteo hemilasius*	国家二级
11	普通鵟	*Buteo buteo*	国家二级
12	毛脚鵟	*Buteo lagopus*	国家二级
13	乌雕	*Aquila clanga*	国家二级
14	白尾鹞	*Circus cyaneus*	国家二级
15	鹊鹞	*Circus melanoleucos*	国家二级
16	白头鹞	*Circus aeruginosus*	国家二级
17	猎隼	*Falco cherrug*	国家二级
18	游隼	*Falco peregrinus*	国家二级
19	燕隼	*Falco subbuteo*	国家二级
20	灰背隼	*Falco columbarius*	国家二级
21	红脚隼	*Falco vespertinus*	国家二级
22	红隼	*Falco tinnunculus*	国家二级
23	红腹锦鸡	*Chrysolophus pictus*	国家二级
24	勺鸡	*Pucrasia macrolopha*	国家二级
25	红角鸮	*Otus scops*	国家二级
26	雕鸮	*Bubo bubo*	国家二级
27	纵纹腹小鸮	*Athene noctua*	国家二级
28	长耳鸮	*Asio otus*	国家二级
29	短耳鸮	*Asio flammeus*	国家二级
30	猕猴	*Macaca mulatta*	国家二级

(续)

编号	中文名	拉丁名	保护级别
31	黄喉貂	*Martes flavigula*	国家二级
32	水獭	*Lutra lutra*	国家二级
33	苍鹭	*Ardea cinerea*	省级
34	金眶鸻	*Charadrius dubius*	省级
35	四声杜鹃	*Cuculus micropterus*	省级
36	小杜鹃	*Cuculus poliocephalus*	省级
37	普通夜鹰	*Caprimulgus indicus*	省级
38	冠鱼狗	*Ceryle lugubris*	省级
39	蓝翡翠	*Halcyon pileata*	省级
40	星头啄木鸟	*Dendrocopos canicapillus*	省级
41	牛头伯劳	*Lanius bucephalus*	省级
42	黑枕黄鹂	*Oriolus chinensis*	省级
43	灰卷尾	*Dicrurus leucophaeus*	省级
44	发冠卷尾	*Dicrurus hottentottus*	省级
45	北椋鸟	*Sturnus sturninus*	省级
46	褐河乌	*Cinclus pallasii*	省级
47	贺兰山红尾鸲	*Phoenicurus alaschanicus*	省级
48	红腹红尾鸲	*Phoenicurus erythrogaster*	省级
49	白顶溪鸲	*Chaimarrornis leucocephalus*	省级
50	红翅旋壁雀	*Tichodroma muraria*	省级
51	刺猬	*Erinaceus europaeus*	省级
52	小麝鼩	*Crocidura suaveolens*	省级
53	豹鼠	*Tamiops swinhoei*	省级
54	复齿鼯鼠	*Trogopterus xanthipes*	省级

注：依据2014年出版的《山西蟒河猕猴国家级自然保护区科考报告》

附表4-2 山西阳城蟒河猕猴国家级自然保护区重点保护野生植物名录

编号	中文名	拉丁名	保护级别
1	南方红豆杉	*Taxus mairei* var. *mairei*	国家一级
2	连香树	*Cercidiphyllum japonicum*	国家二级
3	刺五加	*Acanthopanax senticosus*	国家二级
4	无喙兰	*Holopogon gaudissartii*	国家二级
5	蕙兰	*Cymbidium faberi*	国家二级
6	沼兰	*Malaxis monophyllos*	国家二级
7	二叶兜被兰	*Neottianthe cucullata*	国家二级
8	绶草	*Spiranthes sinensis*	国家二级
9	天麻	*Gastrodia elata*	国家二级
10	匙叶栎	*Quercus spathulata*	省级
11	脱皮榆	*Ulmus lamellose*	省级
12	青檀	*Pteroceltis tatarinowii*	省级
13	异叶榕	*Ficus heteromorpha*	省级
14	领春木	*Euptelea pleiospermum*	省级
15	山胡椒	*Lindera glauca*	省级
16	木姜子	*Litsea pungens*	省级

(续)

编号	中文名	拉丁名	保护级别
17	山白树	*Sinowilsonia henryi*	省级
18	竹叶椒	*Zanthoxylum planispinum*	省级
19	漆树	*Tosicodendron vernicifluum*	省级
20	省沽油	*Staphylea bumalda*	省级
21	泡花树	*Melilsma cuneifolia*	省级
22	暖木	*Melilsma vertchiorum*	省级
23	四照花	*Dendrobenthamia japonica*	省级
24	老鸹铃	*Styrax hemsoeyana*	省级
25	络石	*Trachelospermum jasminoides*	省级
26	刺楸	*Kalopanax septemlobus*	省级
27	党参	*Codonopsis pilosula*	省级
28	反曲贯众	*Cyrtomium recurvum*	省级
29	桔梗	*Platycodon gradiflorus*	省级
30	流苏树	*Chionanthus retusus*	省级
31	膀胱果	*Staphylea holocarpa*	省级
32	软枣猕猴桃	*Actinidia arguta*	省级
33	山桐子	*Idesia polycarpa*	省级
34	山茱萸	*Cornus officinalis*	省级
35	蝟实	*Kolkwitzia amabilis*	省级
36	中条槭	*Acer zhongtiaoense*	省级

注：依据2014年出版的《山西蟒河猕猴国家级自然保护区科考报告》

附表4-3 山西阳城蟒河猕猴国家级自然保护区野生动植物资源统计表

内容		单位	数量(科、种)		备注
			科数量	种数量	
野生动物	昆虫纲	种	225	1483	
	两栖纲	种	2	17	
	爬行纲	种	8	11	
	鸟纲	种	43	215	
	兽纲	种	16	42	
	国家重点保护动物	种	10	32	一级4种，二级28种
	省级重点保护动物	种	17	22	
野生植物	菌类植物	种	32	94	
	苔藓植物	种	15	39	37种2变种
	蕨类植物	种	3	6	
	裸子植物	种	3	6	
	被子植物	种	100	868	
	国家重点保护植物	种	4	9	
	省级重点保护植物	种	20	27	

注：依据2014年出版的《山西蟒河猕猴国家级自然保护区科考报告》

附表5 山西阳坡蟒河猕猴国家级自然保护区土地资源及利用现状统计表

单位：hm²

功能分区	权属	总面积	耕地		林地						交通运输用地			水域			住宅用地	公共管理与公共服务用地	其他土地
			旱地	小计	有林地	疏林地	灌木林地	未成林造林地	宜林地	小计	农村道路	公路用地	小计	河流水面	湖泊水面	农村宅基地	公共设施用地	裸岩石地
1	2	3	4	5	6	7	8	9	10	11	12	13	14	15	16	17	18	19
保护区合计		5573.00	516.21	4982.19	4920.39	7.50	41.80	4.40	8.10	8.12	4.54	3.58	34.50	29.70	4.80	17.97	0.11	13.90
	国有	3800.03		3758.56	3751.65	7.50	6.91			8.12	4.54	3.58	34.50	29.70				6.97
	集体	1769.39	516.21	1223.63	1168.74		34.89	4.40	8.10							17.97	0.11	6.93
核心区	小计	3407.51	280.38	3090.23	3070.28		11.85	0.00	8.10	6.49	2.91	3.58	18.00	18.00		7.70	0.02	8.27
	国有	2323.44		2298.47	2298.47					6.49	2.91	3.58	18.00	18.00				6.97
	集体	1084.07	280.38	791.76	771.81		11.85		8.10							7.70	0.02	1.30
缓冲区	小计	395.62	8.00	385.31	381.68		3.63											2.31
	国有	327.12		327.12	327.12													
	集体	68.50	8.00	58.19	54.56		3.63											2.31
实验区	小计	1766.29	227.83	1506.65	1468.43	7.50	26.32	4.40		1.63	1.63		16.50	11.70	4.80	10.27	0.09	3.32
	国有	1149.47		1132.97	1126.06		6.91			1.63	1.63		16.50	11.70	4.80			
	集体	616.82	227.83	373.68	342.37	7.50	19.41	4.40								10.27	0.09	3.32

附表6　山西阳城蟒河猕猴国家级自然保护区功能区划表

功能区	面积(hm²)	比例(%)	辖区范围	局站等设置
1	2	3	4	5
保护区合计	5573	100		
核心区	3397.5	60.96	簸箕掌东大岭1164m高程点→1155m高程点→东崖河心→小河断崖→后河背崖顶→录化顶东1005m高程点→洪水崖→南河心→羊圈沟后岭→西捉驴驮北1000m高程点→拐庄→垛沟→白龙洞→豹榆树970m高程点→小南岭1000m高程点→省界770m高程点→黄龙地省界815m高程点→东捉驴驮1035m高程点→省界接官亭西北梁顶1100m高程点→省界川草坪北1025m高程点→省界胡板岭1360m高程点→崔家庄南岭→指柱山1572.6m高程点→花园坪→花园岭大岭→簸箕掌东大岭1164m高程点	蟒河管理站设在蟒河村南河自然庄、东山管理站设在押水村
缓冲区	419.2	7.52	树皮沟南岭与花园岭大梁交接点→苇园岭→犁面厂岭→前河心→后大河南崖→后河背崖底→前庄山根→羊圈沟后山→南迪东崖根→窟隆山后崖→铡刀缝河→丁羊顺沟东岭→下土井岭965m高程点→白龙洞→垛沟→拐庄西捉驴驮北1000m高程点→羊圈沟后岭→南河心→洪水崖→录化顶东1005m高程点→后河背崖顶→后小河断崖→东崖河心→1155m高程点→簸箕掌东大岭1164m高程点→树皮沟南岭与花园岭大梁交接点	
实验区	1756.3	31.51	树皮沟梁1123m高程点→沿岭至老正圪堆岭→东黄琅头岭→独龙窝→顺头南岭→三盘山1087m高程点→上黄瓜掌→南沟西岭→下土井岭965m高程点→丁羊顺沟东岭→铡刀缝河→窟隆山后崖→南迪东崖根→羊圈沟后山→前庄山根→后河背崖底→后大河南崖→前河河心→犁面厂岭→苇园岭→树皮沟南岭与花园岭大梁交接点→树皮沟梁1123m高程点	树皮沟管理站、索龙管理站设在距保护区边界黄瓜掌5.5km的窑头村

注：山西阳城蟒河猕猴国家级自然保护区管理局设在阳城县县城

附表7　山西阳城蟒河猕猴国家自然保护区一期总体规划完成情况表

序号	项目名称	单位	数量	完成情况	备注
一、保护工程					
1	东山保护管理站	m²	120	204.38	
2	索龙保护管理站	m²	100	170	
3	原蟒河保护管理站及标本馆土建	m²	1200	1732	
4	树皮沟保护管理站	m²		120	
5	蟒河(南河)保护管理站	m²		200	
6	树皮沟保护站引水	km	2.5	2.5	
7	瞭望塔及微波传输铁塔	座	4	4	瞭望塔1座，微波传输塔3座
8	望远镜	台	2	10	6台有一定程度的损坏
9	动物救护中心	m²	200	未完成	
10	救护设备			一套	
11	大功率中转机	套	1	未完成	
12	车载台	台	1	2	
13	手持对讲机	部	10	10	
14	全球定位系统	台	5	15	已报废
15	防火宣传指挥车	辆	1	1	已报废
16	巡护摩托车	辆	6	10	均已报废
17	风力灭火机	台	15	60	20台可用
18	猕猴生态观察监测站	处	1	1	
19	小型气象站	m²	400	完成	已报废
20	气象站设备			完成	已报废

(续)

序号	项目名称	单位	数量	完成情况	备注
二、科研监测工程					
1	常用仪器设备	台/套	27	完成	均已使用
2	微机及附件	套	1	16	均超年限使用
3	森林防火技术研究			未完成	
4	旅游对环境的影响研究			未完成	
5	本底资源调查			完成	
6	科研队伍建设			完成	
7	监测系统			样线10,样地32	
三、宣教工程					
1	标本馆建设				
1.1	标本柜	个	100	9	均已使用
1.2	标本盒	个	2000	200	均已使用
1.3	标本瓶	个	200	200	均已使用
1.4	标本夹	个	20	5	均已使用
1.5	沙盘	m²	20	未完成	
1.6	生态模具			完成	
1.7	标本储存柜	个	30	3	
1.8	电脑喷绘展板	m²	300	300	
1.9	标本制作设备	套	5	1	
1.10	药剂			未完成	
2	宣教室	m²	300	未完成	
3	宣教仪器设备	台/套	13		
3.1	摄像机	台	1	2	磁带式,已报废
3.2	照相机	部	2	4	已报废
3.3	电视机	台	5	15	已报废
3.4	录像机	台	1	未完成	淘汰,未买
3.5	幻灯机	台	2	未完成	
3.6	录音机、音箱	套	1	1	超年限使用
3.7	投影机	台	1	2	超年限使用
4	树皮沟站宣教室	m²	300	未完成	
5	宣教设备	台/套	10	未完成	
6	内部培训宣传			20万	
7	媒体宣传			未完成	
四、基础设施建设					
1	办公楼	m²	1200	1074.2	
2	押水至蟒河输电线路	km	7	7	
3	桑林至蟒河输电线路	km	20	20	
4	办公自动化设备	套	1	6	超年限使用
5	便携式电脑	台	1	7	超年限使用
6	其他办公设备	台/套	26	28	
7	小轿车	辆	1	完成	报废
8	生活用车	辆	1	完成	报废
9	标志门	座	2	2	
10	标桩、标牌		164	164	

(续)

序号	项目名称	单位	数量	完成情况	备注
10.1	区界标桩	个	80	80	
10.2	区界标牌	块	7	20	
10.3	指示标桩	个	20	20	
10.4	指示标牌	块	4	4	
10.5	分区标桩	个	40	40	
10.6	解说标牌	块	6	50	
10.7	限制性标牌	块	7	10	
11	职工宿舍后勤基地			未完成	政策原因
11.1	征地费	亩	1	未完成	
11.2	职工宿舍土建	m²	1200	未完成	
12	桑林至蟒河道路维修	km	15	17.5	
13	三窑-蟒河防火道路	km	10	未完成	
14	后勤仓库	m²	300	未完成	
15	给排水设施			完成	管理局机关
16	供热设施			完成	管理局机关
五、社区共管工程					
1	动物损坏庄家等赔偿			未完成	
2	乡村卫视通工程		4	1	树皮波管理站安装
3	农村文化、卫生建设			未完成	
4	农村基建及经济发展扶持			30万	
六、生态旅游工程					
1	后大河步道	km	5	5	
2	望蟒孤峰-后庄步道	km	2.5	2.5	
3	稀屎圪洞台阶	阶	1800	1800	
4	水帘洞人行回廊	m	30	30	
5	黄龙庙扶廊阶梯	m	200	200	
6	望蟒孤峰度假村	m²	2000	未完成	
7	游船、游艇	只	20	未完成	
8	后庄停车场	m²	1000	5150	
9	公厕	个	8	16	
10	固定垃圾箱	个	60	200	
11	卫生车	辆	1	4	
12	各类标牌	块	10	100	
13	绿化	hm²	15	15	
七、多种经营					
1	经济林培育	亩	100	100	
2	食用菌培育	m²	2000	2000	
3	旅游工艺品加工厂	m²	200	未完成	
4	加工厂设备			未完成	
5	蟒河综合服务楼	m²	2000	2000	
6	综合服务客房设备	套	100	100	

注：统计数据及结果日期截至2017年12月。

附表

附表 8 山西阳城蟒河猕猴国家级自然保护区主要建设项目规划表

工程类别	主要建设项目	建设内容	建设规模	建设期前期	建设期后期
保护管理工程	保护管理体系建设	新建西治、黄瓜掌、东山、树皮沟、索龙4处保护管理点	新建管理点每处建筑面积100m² ，完善办公设备		√
		对原有的蟒河、黄瓜掌、东山、索龙4个管理站房屋做外墙保温，内部粉刷处理，更换部分老化的水暖电设施	原有的4个管理站外墙保温面积1630m²，其中蟒河500m²、黄瓜掌450m²、东山400m²、索龙280m²。内墙粉刷5000m²	√	
		巡护步道维护	维护巡护步道20km	√	
		视频监控体系建设	建设12个视频监控点，在4个管理站建设视频前端	√	
		野生动物肇事补偿资金		√	
	珍稀濒危野生动植物保护	对珍稀濒危植物进行围栏、挂牌、人工促进天然更新等就地保护	区内分布的31种国家、省重点保护野生植物	√	
		建立种质资源圃进行近地保护	在庙坪、树皮沟建设珍稀植物苗圃6hm²	√	
		对经过扩繁成功的珍稀濒危野生植物回归保护	富隆山区域荒弃耕地共计7hm²进行人工辅助自然恢复	√	
		对猕猴种群人工补给退出机制	对出水口猕猴种群不再投食补给，对猴山猕猴种群与观测站结合，减少对群众生产生活干扰，5年内逐年减少投食量至零投食，逐步退出	√	
		古树名木保护	对区内52株古树名木进行就地保护	√	
		建设动物通道	在区内公路地段建设3处动物通道		√
	森林防火	配备先进的防火设备，建成森林防火预测预报技术水平，购置扑火设备50套消防队伍建设	建设防火瞭望塔1座，林火视频监控系统1套，维护防火通道10km，安全防护设备、便携式喷水灭火机、背负式灭火水枪等	√	
	林业有害生物防治	加强防治和检疫体系建设，购置监测设备	数码体视显微镜2台，智能人工气候箱1个，有害生物调查统计器6套，虫情测报灯2个，放大镜20个，培养箱2个		√
	野生动物疫病监测	建立鸟类观测站，完善监测设备。加强对外来物种和的管理	在沁河流域选择建立鸟类观测站，背负式高倍望远镜2台，拍摄鸟类单反相机3台，摄相机2台，激光测距仪2台		√
科研监测工程	科研项目规划	开展综合科学考察	近期开展两栖爬行类专项调查、鸟类调查、社会经济状况等调查，远期进行全面深入调查		√
		开展专项调查	开展6种动物、7种植物及兰科植物专项调查	√	
		开展基础及应用科研项目	组织开展好8项科研项目	√	
		总体评估及下期总体规划	2027年着手开展保护区总体工作评估，2028年编制完成下期总体规划		√
	资源及环境监测项目规划	开展日常基础监测	持续开展6项基础监测	√	
		开展国家、省重点保护野生动植物监测	结合常规监测，布设100台红外相机进行重点监测	√	
		开展自然生态环境监测	采用便携式设备开展土壤、气象、水文等生态因子监测，后期争取建设生态定位监测站		√

123

(续)

工程类别	主要建设项目	建设内容	建设规模	建设期前期	建设期后期
科研监测工程	科研基础设施设备	科研标本制作与保管设备更新保护区卫星影像资料	购置标本柜、标本制作保管工具1套、低温冷冻杀虫柜、防尘防潮箱等规划期内每5年购买1期保护区卫星影像资料	√	√
公众教育工程	宣教设施	生态文明科教基地科普宣教小径建设	对现有的标本馆升级改造，补充动植物标本，与科研标本保存设施结合，建设500m²的生态文明科教基地建设树皮沟至猕猴山8km宣教小径，以猕猴为主，结合野生动植物保护宣传的宣传走廊，建设15个观察平台宣教栏，悬挂树木标识二维码宣传牌1000块	√	√
	宣教产品	配备宣教设备，制作宣教材料，建立数据库	安装高清LED显示屏，结合保护区管理、森林防火、有害生物、疫源疫病、野生动植物宣传、社区农业技术等编制宣教资料，建立保护区科普宣教资料数据库		√
	教学学习基地	在桑林村维修改造教学基地	改造原有房屋800m²，安置100个床位，配备食宿设施等	√	
可持续发展	资源保护利用	生态移民、林地土地赎买	协助政府，对核心区内298户居民实施生态搬迁，并对核心区的林地、土地进行赎买		√
	社区公益事业	购置安装2套封闭一体式生活污水处理设备，推广节能工程，新建木质桥	在后庄、黄龙庙分别建设1处污水处理站，每处购置安装1套封闭一体式生活污水处理设备，共安装2套。推广节能灶200个，在前庄和东沙之间新建桥梁1座，方便群众出行	√	
	社区富民产业	建设蟒河生态采摘园。建设古村落影基地建设	在后庄建设1hm²采摘园。在东南古村建设摄影基地		√
	社区产业结构调整	林下种植、养殖业。林副产业加工。生态旅游服务业	经济林、药材、森林蔬菜等种植面积100hm²，开展土蜂养殖。开展山茱萸、仿野生栽培食用菌深加工。规范现有60户农家乐建设管理	√	√
	技术培训	开展社区人员、保护区管理技术人员培训		√	√
基础设施建设	管理局机关迁建	科研办公综合楼	总建筑面积1280m²，其中管理局办公用房建筑面积500m²，附属用房180m²，其余600m²为科研中心，科研办公综合楼为3层砖混结构，完善办公设备	√	
	东山管护站迁建	新建东山管护站	将东山管护站迁至花园岭外保护入口处，新建管护用房120m²，附属用房面积200m²（包括库房、餐厅、卫生间等）80m²，完善办公设备	√	
	供电通讯设施	架设输电线等	管理局铺设输电线4km，建配电室1座东山管护站铺设输电线6km，建配电室1座，变压器1台	√	√

(续)

工程类别	主要建设项目	建设内容	建设规模	建设期 前期	建设期 后期
基础设施建设	生活设施规划	输水排水管道。广播电视接收设备。新建局站美化	管理局科研办公综合楼铺设输水管道3km,排水管道3km;新建东山管护站铺设输水管道5km,排水管道6km,建设采暖工程1项;为管理站、管护点配备广播电视接收设备7套;局、站址实施绿化美化工程600m²	√	√
基础设施建设	交通工具	科研监测、森林公安巡查执法	管理局配备监测用车1辆,森林公安派出所配备执法用车1辆	√	√
基础设施建设	环境治理	管理局和4个管护站	东山站建设污水和垃圾处理设施1套,为管理局和4个管护站配备健身器材各1套,共5套	√	√
智慧保护区建设	基础平台建设	聘请软件公司开发蟒河保护区智慧保护区平台	采购1套信息化建设基础设施设备,包括计算机网络设备、服务器设备、信息安全设施设备、机房辅助设备、不间断电源、电脑等。同时,在科研办公楼内设置专用机房	√	√
智慧保护区建设	网站升级改造	对蟒河保护区现有网站进行改造		√	√
智慧保护区建设	自媒体平台建设	开通微信公众号、微博、论坛等		√	√
智慧保护区建设	行政管理系统	利用内部网络专线,连接管理局和各管护站,系统整合资源,以审批流转、公文发文、信息发布等为主要应用,全面实现无纸化办公,提高公文流通环节工作效率	办公桌椅50套,空调30台,保密电脑5台,台式电脑30台,笔记本电脑15台,A3激光打印机2台,扫描仪2台,照相机10台,电视电脑一体机6台,视频会议系统及设备1套	√	√
智慧保护区建设	保护保护管理系统	开发野外巡护系统并配备设备	北斗COMPASS导航野外数据采集仪40套及相应的软件开发	√	√
智慧保护区建设	科普宣教系统	无线网络全覆盖	安装全方位的无线安全系统(免费WiFi或WAPI)2套	√	√

附表9 山西阳城河猕猴国家级自然保护区工程建设投资估算与安排表

单位:万元

序号	项目建设内容	单位	数量	单价	合计投资	投资构成 建安	投资构成 设备	投资构成 其他	投资进度 前期	投资进度 后期	备注
	合计				6355.24	1099.50	1626.50	3629.24	3281.12	3074.12	
一	工程建设费用				5781.00	1099.50	1626.50	3055.00	2983.00	2798.00	
1	保护管理工程规划				1469.00	277.00	417.00	775.00	863.00	606.00	
1.1	保护管理体系建设				417.00	122.00	145.00	150.00	261.00	156.00	
1.1.1	新建保护管理点				65.00	60.00	5.00			65.00	
1.1.1.1	新建保护管理点土建	m²	200	0.30	60.00	60.00				60.00	西治、黄瓜掌2处,每站100m²

(续)

序号	项目建设内容	单位	数量	单价	合计投资	建安	设备	其他	前期	后期	备注
1.1.1.2	保护管理点办公设备	套	1	5.00	5.00		5.00			5.00	
1.1.2	保护管理站维护维修	项	1	50.00	50.00	50.00			50.00		4个管理站外墙1630m²做保温材料处理，单价100元/m²，计16.3万元；4个管理站内墙5000m²粉刷，单价30元/m²，计15万元；蟒河站更换水暖电设施5.2万元，其余3站每站4.5万元
1.1.3	保护管理设备				140.00		140.00		130.00	10.00	
1.1.3.1	旋翼无人机	架	2	5.00	10.00		10.00		10.00		
1.1.3.2	固定翼无人机	架	1	50.00	50.00		50.00		50.00		
1.1.3.3	巡护电动自行车	辆	20	1.50	30.00		30.00		30.00		
1.1.3.4	巡护、防火车	辆	1	30.00	30.00		30.00		30.00		
1.1.3.5	北斗导航定位仪	台	10	2.00	20.00		20.00				COMPASS导航
1.1.4	巡护步道维护	km	20	0.60	12.00	12.00					
1.1.5	野生动物肇事补偿基金	年	10	15.00	150.00			150.00	75.00	75.00	
1.2	野生动植物保护				420.00	45.00		375.00	240.00	180.00	
1.2.1	珍稀濒危野生植物保护				200.00			200.00	100.00	100.00	
1.2.1.1	就地保护	项	1	100.00	100.00			100.00	50.00	50.00	36种重点保护植物
1.2.1.2	建立种质资源圃保护	项	1	80.00	80.00			80.00	40.00	40.00	庙坪，树皮沟6hm²
1.2.1.3	回归保护	项	1	20.00	20.00			20.00	10.00	10.00	窟隆山区域栽植7hm²
1.2.2	古树名木保护	项	1	100.00	100.00			100.00	50.00	50.00	区内52株古树名木保护
1.2.3	珍稀野生动物保护				120.00	45.00		75.00	90.00	30.00	
1.2.3.1	猴群人工投食退出	项	1	75.00	75.00			75.00	75.00		加强监测，减少投食，阻止猴群入村
1.2.3.2	动物通道	处	3	15.00	45.00	45.00			15.00	30.00	区内公路适宜地段
1.3	保护管理专项规划				632.00	110.00	272.00	250.00	362.00	270.00	
1.3.1	森林防火规划				310.00	80.00	130.00	100.00	210.00	100.00	
1.3.1.1	瞭望塔及设备	座	1	30.00	30.00	30.00			30.00		

(续)

序号	项目建设内容	单位	数量	单价	合计投资	建安	设备	其他	前期	后期	备注
1.3.1.2	林火视频监控系统	套	1	80.00	80.00		80.00		80.00		
1.3.1.3	防火通道维护	km	10	5.00	50.00	50.00			25.00	25.00	
1.3.1.4	扑火设备购置	套	50	1.00	50.00		50.00		25.00	25.00	结合野外个人装备配备
1.3.1.5	灭火专业队建设	项	1	100.00	100.00			100.00	50.00	50.00	2支消防队伍在防火期集中待命培训
1.3.2	林业有害生物				127.00		127.00		63.50	63.50	
1.3.2.1	数码体视显微镜	台	2	1.00	2.00		2.00		1.00	1.00	
1.3.2.2	智能人工气候箱	个	2	30.00	60.00		60.00		30.00	30.00	
1.3.2.3	有害生物调查统计器	套	6	3.00	18.00		18.00		9.00	9.00	
1.3.2.4	虫情测报灯	个	2	20.00	40.00		40.00		20.00	20.00	
1.3.2.5	放大镜	个	20	0.05	1.00		1.00		0.50	0.50	
1.3.2.6	培养箱	个	6	1.00	6.00		6.00		3.00	3.00	
1.3.3	疫源疫病监测防控				195.00	30.00	15.00	150.00	88.50	106.50	
1.3.3.1	鸟类疫源疫病监测点用房	m²	100	0.30	30.00	30.00				30.00	阳城县沁河流域
1.3.3.2	单反相机	台	4	2.00	8.00		8.00		8.00		
1.3.3.3	摄相机	台	2	1.00	2.00		2.00		2.00		
1.3.3.4	高倍望远镜	台	6	0.50	3.00		3.00				
1.3.3.5	激光测距仪	台	2	1.00	2.00		2.00		1.50	1.50	
1.3.3.6	监测和外来物种预警	项	1	150.00	150.00			150.00	75.00	75.00	10条固定样线26.5km
2	科研监测工程				1735.50		505.50	1230.00	707.00	1028.50	
2.1	科研项目规划				1000.00			1000.00	400.00	600.00	
2.1.1	科学综合考察	项	1	300.00	300.00			300.00	100.00	200.00	
2.1.2	专项调查	项	1	200.00	200.00			200.00	100.00	100.00	6种动物，7种植物及兰科植物
2.1.3	基础及应用科研项目	项	1	400.00	400.00			400.00	200.00	200.00	8个科研项目
2.1.4	总体评估及下期规划编制	项	1	100.00	100.00			100.00		100.00	
2.2	资源及环境监测项目				735.50		505.50	230.00	307.00	428.50	
2.2.1	日常基础监测	项	8	20.00	160.00			150.00	80.00	80.00	7个监测项目

(续)

序号	项目建设内容	单位	数量	单价	合计投资	投资构成			投资进度		备注
						建安	设备	其他	前期	后期	
2.2.2	购置红外机相	台	100	0.50	50.00		50.00		30.00	20.00	
2.2.3	自然生态环境监测				365.50		355.50	10.00	117.00		
2.2.3.1	建立固定观测样地	块	2	5.00	10.00			10.00	10.00		每个样地 1hm²
2.2.3.2	气象设备				190.50		190.50		31.00	159.50	
	Campbell 自动气象站	套	2	20.00	40.00		40.00		20.00	20.00	
	HOBO 自动气象站	套	5	3.00	15.00		15.00			15.00	
	梯度气象观测塔传感器	个	2	40.00	80.00		80.00			80.00	
	CPR-KA 空气自动监测仪	台	2	12.00	24.00		24.00			24.00	
	AIC 1000 负氧离子浓度仪	台	10	3.00	30.00		30.00		10.00	20.00	
	XK-8928 噪声检测仪	台	3	0.50	1.50		1.50		1.00	0.50	
2.2.3.3	水文设备				97.00		97.00		46.00	51.00	
	QYJL006 便携式地表坡面径流自动监测流计	台	5	3.00	15.00		15.00		9.00	6.00	
	自动记录水位计	台	2	0.50	1.00		1.00		1.00		
	FLGS-TDP 捅针式植物茎流计	台	5	15.00	75.00		75.00		30.00	45.00	
	YSI Proplus 便携式水质分析仪	台	2	3.00	6.00		6.00		6.00		
2.2.3.4	土壤设备				27.00		27.00		12.00	15.00	
	EM 50 土壤温湿度测定仪	台	3	2.00	6.00		6.00		6.00		
	BL-SCB 风蚀自动观测采集系统	项	1	15.00	15.00		15.00			15.00	
	TRIME-PIC064 便携式土壤水分测量仪	台	2	0.50	1.00		1.00		1.00		
	U50 便携式水质分析仪	台	2	1.00	2.00		2.00		2.00		
	SC-900 土壤紧实度仪	台	1	3.00	3.00		3.00		3.00		
2.2.3.5	生物设备				41.00		41.00		18.00	23.00	

(续)

序号	项目建设内容	单位	数量	单价	合计投资	投资构成				投资进度		备注
						建安	设备	其他		前期	后期	
	CID03型光合叶面积仪	台	1	10.00	10.00		10.00			10.00		
	LINTAB年轮分析仪	台	1	18.00	18.00		18.00				18.00	
	全站仪	台	2	3.00	6.00		6.00			3.00	3.00	
	超声测高测距仪	台	2	2.00	4.00		4.00			2.00	2.00	
	罗盘	台	5	0.30	1.50		1.50			1.50		
	电子秤	台	5	0.30	1.50		1.50			1.50		
2.2.4	科研基础设施设备				160.00		100.00	60.00		80.00	80.00	
2.2.4.1	标本制作与保管设备	套	1	100.00	100.00		100.00			50.00	50.00	科研标本制作工具20套。保管设备1套，包括标本柜、昆虫采集工具、标本制作工具、低温冷冻杀虫、加湿抽湿机、防尘防潮等，增设展览柜
2.2.4.2	保护区卫星影像资料	套	2	30.00	60.00			60.00		30.00	30.00	
3	公众教育工程				482.00	100.00	2.00	380.00		230.00	252.00	
3.1	科普宣教设施				262.00	100.00	2.00	160.00		120.00	142.00	
3.1.1	科普宣教基地				182.00	100.00	2.00	80.00		80.00		
3.1.1.1	科普宣教标本等补充	项	1	80.00	80.00			80.00		80.00		增加标本及设施
3.1.1.2	科普宣教基地建工程	m²	500	0.2	100.00	100.00					100.00	结合标本馆改造升级
3.1.1.3	宣教基地LED显示屏	项	1	2.00	2.00		2.00				2.00	
3.1.2	科教教育小径	km	8	10.00	80.00			80.00		40.00	40.00	宣教长廊8km，15个观察平台教栏，引导解说系统1套
3.2	宣教材料				140.00			140.00		70.00	70.00	
3.2.1	宣教产品	项	1	30.00	30.00			30.00		15.00	15.00	导览地图、宣传折页、宣传画册等
3.2.2	影像资料	项	1	30.00	30.00			30.00		15.00	15.00	专题宣教片、微电影等
3.2.3	图书资料	项	1	50.00	50.00			50.00		25.00	25.00	编印科普读物、生态文化故事读本等
3.2.4	宣教数据库	项	1	30.00	30.00			30.00		15.00	15.00	更新国际、国内沿岸科研宣教资料
3.3	教学实习基地	项	1	80.00	80.00			80.00		40.00	40.00	桑林村改造房屋800m²，购置设施
4	可持续发展				260.00	100.00	40.00	120.00		130.00	130.00	

(续)

序号	项目建设内容	单位	数量	单价	合计投资	投资构成 建安	投资构成 设备	投资构成 其他	投资进度 前期	投资进度 后期	备注
4.1	社区公益事业				100.00	100.00			50.00	50.00	
4.1.1	污水处理站	个	2	50.00	100.00	100.00			50.00	50.00	污水处理系统及设施
4.2	社区富民产业				100.00		40.00	60.00	50.00	50.00	
4.2.1	林下种植	项	1	30.00	30.00			30.00	15.00	15.00	山茱萸、药材等10hm²
4.2.2	林下养殖	项	1	30.00	30.00			30.00	15.00	15.00	土蜂养殖3000箱
4.2.3	推广节能灶	个	200	0.20	40.00		40.00		20.00	20.00	
4.3	技术培训				60.00			60.00	30.00	30.00	
4.3.1	社区群众技术培训	项	1	20.00	20.00			20.00	10.00	10.00	
4.3.2	管理人员培训	项	1	20.00	10.00			10.00	5.00	5.00	
4.3.3	技术人员培训	项	1	20.00	30.00			30.00	15.00	15.00	
5	基础设施建设				882.50	622.50	220.00	40.00	632.00	250.50	
5.1	局、站址迁建				489.00	444.00	45.00		414.00	75.00	
5.1.1	管理局机关迁建				414.00	384.00	30.00		414.00		
5.1.1.1	管理局机关迁建土建	m²	1280	0.30	384.00	384.00			384.00		
5.1.1.2	管理局机关迁建办公设备	套	1	30.00	30.00		30.00		30.00		
5.1.2	东山管护站迁建				75.00	60.00	15.00			75.00	
5.1.2.1	东山管护站迁建土建	m²	200	0.30	60.00	60.00				60.00	
5.1.2.2	东山管护站办公设备	套	1	15.00	15.00		15.00			15.00	
5.2	供电通讯设施				130.00	50.00	40.00	40.00	60.00	70.00	
5.2.1	管理局供电通讯				60.00	20.00		40.00	60.00		
5.2.1.1	输电线路	km	4	5.00	20.00	20.00			20.00		
5.2.1.2	配电室	处	1	40.00	40.00		40.00		40.00		东山管理站
5.2.2	管理站供电通讯				70.00	30.00	40.00			70.00	
5.2.2.1	输电线路	km	6	5.00	30.00	30.00				30.00	
5.2.2.2	变压器	台	1	40.00	40.00		40.00			40.00	
5.3	生活设施				38.50	38.50	0.00		3.00	35.50	

(续)

序号	项目建设内容	单位	数量	单价	合计投资	建安	设备	其他	前期	后期	备注
5.3.1	输水排水管道	km	17	0.50	8.50	8.50			3.00	5.50	管理局6km，东山站11km
5.3.2	东山站采暖工程	套	1	30.00	30.00	30.00				30.00	
5.4	交通工具				60.00		60.00		60.00		
5.4.1	科研监测用车	辆	1	30.00	30.00		30.00		30.00		
5.4.2	森林公安用车	辆	1	30.00	30.00		30.00		30.00		
5.5	环境治理				165.00	90.00	75.00		95.00	70.00	
5.5.1	绿化美化	m²	600	0.15	90.00	90.00			75.00	15.00	管理局500m²，东山管理站100m²
5.5.2	污水和垃圾处理设施	套	1	50.00	50.00		50.00			50.00	东山管理站
5.5.3	健身器材	套	5	5.00	25.00		25.00		20.00	5.00	管理局和4个管理站
6	智慧保护区规划				952.00		442.00	510.00	421.00	531.00	
6.1	基础平台建设				611.00		151.00	460.00	244.00	367.00	
6.1.1	智慧保护区网站升级改造	项	1	10.00	10.00			10.00	10.00		
6.1.2	智慧保护区软件开发与集成	项	1	400.00	400.00			400.00	100.00	300.00	软件开发与系统集成服务
6.1.3	自媒体建设平台	项	1	50.00	50.00			50.00	50.00		包括微信、博客、论坛/BBS、百度贴吧等网络社区
6.1.4	计算机网络设备	套	2	30.00	60.00		60.00		30.00	30.00	路由器、交换设备、集线器、网络控制设备、网络接口与适配器、网络连接检测设备、安全路由器、计算机负载均衡设备、虚拟专用网等
6.1.5	服务器	台	2	5.00	10.00		10.00		5.00	5.00	
6.1.6	信息安全设备	套	1	40.00	40.00		40.00		20.00	20.00	包括防火墙、入侵检测和防御设备、漏洞扫描设备、安全审计设备、终端安全设备、机房环境监控设备
6.1.7	机房辅助设备	套	1	25.00	25.00		25.00		25.00		机柜、机房环境监控设备
6.1.8	不间断电源	个	2	2.00	4.00		4.00		2.00	2.00	
6.1.9	控制电脑	台	2	2.00	4.00		4.00		2.00	2.00	
6.1.10	全彩LED显示屏	块	1	8.00	8.00		8.00			8.00	
6.2	行政管理系统				259.00		259.00		136.00	123.00	

（续）

序号	项目建设内容	单位	数量	单价	合计投资	投资构成			投资进度		备注
						建安	设备	其他	前期	后期	
6.2.1	办公桌椅	套	50	0.20	10.00		10.00		5.00	5.00	
6.2.2	空调	台	30	1.00	30.00		30.00		20.00	10.00	
6.2.3	保密电脑	台	5	1.00	5.00		5.00		2.00	3.00	
6.2.4	台式电脑	台	30	1.00	30.00		30.00		15.00	15.00	
6.2.5	笔记本电脑	台	15	0.80	12.00		12.00		8.00	4.00	
6.2.6	A3彩色激光打印机	台	2	2.00	4.00		4.00		2.00	2.00	
6.2.7	扫描仪	台	2	1.00	2.00		2.00		1.00	1.00	
6.2.8	照相机	台	10	1.00	10.00		10.00		5.00	5.00	
6.2.9	电脑电视一体机	台	6	1.00	6.00		6.00		3.00	3.00	
6.2.10	视频会议系统设备	套	1	150.00	150.00		150.00		75.00	75.00	含视频监控系统
6.3	保护管理设备				32.00		32.00		16.00	16.00	
6.3.1	野外数据采集仪	台	40	0.8	32.00		32.00		16.00	16.00	北斗COMPASS导航系统、相应软件
6.4	科普宣教系统				50.00			50.00	25.00	25.00	
6.4.1	无线安全系统建设	套	2	25.00	50.00			50.00	25.00	25.00	WiFi 或 WAPI
二	其它费用				389.14			389.14	202.55	186.59	
1	咨询费				11.56			11.56	5.97	5.60	
2	勘察、设计费				158.98			158.98	82.03	76.95	
3	建设单位管理费				67.06			67.06	34.60	32.46	
4	工程监理费				129.49			129.49	66.82	62.68	
5	环评费				6.36			6.36	3.28	3.08	
6	招投标费				19.08			19.08	9.84	9.23	
三	基本预备费				185.10			185.10	95.57	89.53	

附表

附表10 山西阳城蟒河猕猴国家级自然保护区基础设施建设项目投资估算与安排表

单位：万元

序号	项目建设内容	技术经济指标 单位	数量	单价	合计投资	投资构成 建安	投资构成 设备	投资构成 其他	年度安排 第一年	年度安排 第二年	资金来源 中央	资金来源 地方	备注
	合 计				2657.97	220.00	1134.50	1303.47	1781.65	876.32	2146.40	511.57	
一	工程费用				2372.00	220.00	1134.50	1017.50	1588.50	783.50	1987.00	385.00	
1	保护管理工程规划				547.30	90.00	307.30	150.00	338.80	208.50	422.30	125.00	
1.1	巡护步道维护	km	20	2.00	40.00	40.00			20.00	20.00	40.00		
1.2	防火通道维护	km	10	5.00	50.00	50.00			25.00	25.00	50.00		兼防火隔离带功能
1.3	保护管理设备				307.30		307.30		221.80	85.50	202.30	105.00	
1.3.1	巡护管理设备				125.00		125.00		55.00	70.00	50.00	105.00	
1.3.1.1	北斗导航定位仪	台	20	1.50	30.00		30.00		30.00		30.00		COMPASS导航
1.3.1.2	旋翼无人机	架	2	10.00	20.00		20.00		10.00	10.00	20.00		悟2
1.3.1.3	固定翼无人机	架	1	30.00	30.00		30.00		30.00			30.00	
1.3.1.4	巡护电动自行车	辆	20	1.50	30.00		30.00			30.00	0.00	30.00	
1.3.1.5	野外巡护装备	套	30	0.50	15.00		15.00		15.00			15.00	
1.3.2	林业有害生物监测设备				94.50		94.50		79.00	15.50	94.50		
1.3.2.1	数码体视显微镜	台	3	1.00	3.00		3.00		3.00		3.00		
1.3.2.2	智能人工气候箱	个	1	30.00	30.00		30.00		30.00		30.00		
1.3.2.3	有害生物调查统计器	套	5	3.00	15.00		15.00			15.00	15.00		
1.3.2.4	虫情测报灯	个	2	20.00	40.00		40.00		40.00		40.00		
1.3.2.5	放大镜	个	10	0.05	0.50		0.50			0.50	0.50		
1.3.2.6	培养箱	个	6	1.00	6.00		6.00		6.00		6.00		
1.3.3	疫源疫病、外来物种监测设备				37.80		37.80		37.80		37.80		
1.3.3.1	单反相机	台	4	2.20	8.80		8.80		8.80		8.80		科研人员和4个管理站人员使用
1.3.3.2	专业镜头	台	2	8.00	16.00		16.00		16.00		16.00		
1.3.3.3	摄相机	台	1	3.00	3.00		3.00		3.00		3.00		
1.3.3.4	高倍望远镜	台	6	1.50	9.00		9.00		9.00		9.00		
1.3.3.5	激光测距仪	台	2	0.50	1.00		1.00		1.00		1.00		

(续)

序号	项目建设内容	技术经济指标			合计投资	投资构成			年度安排		资金来源		备注
		单位	数量	单价		建安	设备	其他	第一年	第二年	中央	地方	
1.3.4	取样、检测设备	套	1	50.00	50.00		50.00		50.00		20.00	30.00	取样及样品消毒、处理、储存、解剖、化验、检测、分析等设备
1.4	野生动植物保护	项	1		150.00			150.00	72.00	78.00	130.00	20.00	
1.4.1	猕猴人工投食退出	项	1	20.00	20.00			20.00	12.00	8.00		20.00	加强监测、减少投食，阻止猴群入村
1.4.2	建立种质资源圃保护	项	1	80.00	80.00			80.00	40.00	40.00	80.00		庙坪、树皮沟6hm²，13种极小物种种质基因保存、扩繁等
1.4.3	古树名木保护	项	1	50.00	50.00			50.00	20.00	30.00	50.00		区内52株古树名木保护
2	科研监测工程				688.70		441.20	247.50	463.70	225.00	598.70	90.00	
2.1	专项调查	项	1	100.00	100.00			100.00	100.00		60.00	40.00	6种动物、7种植物及兰植物
2.2	固定样地、样线监测				180.50		33.00	147.50	92.50	88.50	180.50		
2.2.1	固定样线监测和维护	km	26.5	5.00	132.50			132.50	67.50	65.00	132.50		
2.2.2	固定样地	个	30	0.50	15.00			15.00	8.00	7.00	15.00		
2.2.3	购置红外相机	台	110	0.30	33.00		33.00		16.50	16.50	33.00		
2.3	自然生态环境监测				308.20		308.20		221.70	86.50	308.20		
2.3.1	气象设备				158.50		158.50		103.00	55.50	158.50		
2.3.1.1	Campbell自动气象站	套	1	20.00	20.00		20.00		20.00		20.00		
2.3.1.2	HOBO自动气象站	套	5	3.00	15.00		15.00			15.00	15.00		
2.3.1.3	梯度气象观测塔传感器	个	2	40.00	80.00		80.00		40.00	40.00	80.00		
2.3.1.4	CPR-KA空气自动监测仪	台	1	12.00	12.00		12.00		12.00		12.00		
2.3.1.5	AIC 1000负氧离子浓度仪	台	5	6.00	30.00		30.00		30.00		30.00		含数据服务系统
2.3.1.6	XK-8928噪声检测仪	台	3	0.50	1.50		1.50		1.00	0.50	1.50		
2.3.2	水文设备				86.00		86.00		55.00	31.00	86.00		
2.3.2.1	QYJI.006便携式地表坡面径流自动监测仪	台	5	3.00	15.00		15.00		9.00	6.00	15.00		
2.3.2.2	水文监测仪	台	2	10.00	20.00		20.00		10.00	10.00	20.00		

(续)

序号	项目建设内容	技术经济指标			合计投资	投资构成			年度安排			资金来源		备注
		单位	数量	单价		建安	设备	其他	第一年	第二年		中央	地方	
2.3.2.3	FLGS-TDP 插针式植物茎流计	台	3	15.00	45.00		45.00		30.00	15.00		45.00		
2.3.2.4	YSI Proplus 便携式水质分析仪	台	2	3.00	6.00		6.00		6.00			6.00		
2.3.3	土壤设备				29.50		29.50		29.50			29.50		
2.3.3.1	EM 50 土壤温湿度测定仪	台	2	2.00	4.00		4.00		4.00			4.00		
2.3.3.2	BL-SCB 风蚀自动观测采集系统	项	1	15.00	15.00		15.00		15.00			15.00		
2.3.3.3	TRIME-PIC064 便携式土壤水分测量仪	台	2	1.50	3.00		3.00		3.00			3.00		
2.3.3.4	U50 便携式水质分析仪	台	1	1.50	1.50		1.50		1.50			1.50		
2.3.3.5	SC-900 土壤紧实度仪	台	1	6.00	6.00		6.00		6.00			6.00		
2.3.3.4	生物设备				34.20		34.20		34.20			34.20		
2.3.3.4.1	CI03 型光合叶面积仪	台	1	10.00	10.00		10.00		10.00			10.00		
2.3.3.4.2	LINTAB 年轮分析仪	台	1	18.00	18.00		18.00		18.00			18.00		
2.3.3.4.3	全站仪	台	1	3.00	3.00		3.00		3.00			3.00		
2.3.3.4.4	超声测高测距仪	台	1	2.00	2.00		2.00		2.00			2.00		
2.3.3.4.5	罗盘	台	3	0.30	0.90		0.90		0.90			0.90		
2.3.3.4.6	电子秤	台	3	0.10	0.30		0.30		0.30			0.30		
2.4	标本制作与保管设备	套	1	100.00	100.00		100.00		50.00	50.00		50.00	50.00	科研标本制作工具10套。保管设备1套,包括标本柜,昆虫采集工具,低温冷冻杀虫柜,加湿抽湿机,防尘防潮箱等,增设展览柜
3	公众教育工程				530.00		50.00	480.00	430.00	100.00		510.00	20.00	
3.1	科普教育小径	km	8	50.00	400.00			400.00	360.00	40.00		380.00	20.00	宽1.5~2m,石质或木质线路
3.2	公众宣教设施设备				130.00		50.00	80.00	70.00	60.00		130.00		
3.2.1	科普宣教标本等补充	项	1	80.00	80.00			80.00	40.00	40.00		80.00		增加动植物标本及改造设施

(续)

序号	项目建设内容	技术经济指标			合计投资	投资构成			年度安排		资金来源		备注
		单位	数量	单价		建安	设备	其他	第一年	第二年	中央	地方	
3.2.2	解说标识系统	项	1	50.00	50.00		50.00		30.00	20.00	50.00		引导解说、教育解说、显示屏、触摸屏、便携式导游机等
4	基础设施建设				280.00	130.00	150.00		100.00	180.00	130.00	150.00	
4.1	保护管理站维护维修	项	1	100.00	100.00	100.00			100.00		100.00		4个管理站外墙保温、内墙粉刷、更换水暖电地板设施等
4.2	瞭望塔及设备	座	1	30.00	30.00	30.00				30.00	30.00		采用钢、木、砼、石等材料建造，瞭望塔内配备瞭望、陆生野生动物监测、报警、微波传输和通讯设备
4.3	污水和垃圾处理设施	套	1	150.00	150.00		150.00			150.00		150.00	蟒河管理站及周边污水集中处理QMY，QJ-15型设备，垃圾分类回收箱6台，集中封闭焚烧设备1套
5	智慧保护区建设				326.00		186.00	140.00	256.00	70.00	326.00		
5.1	基础平台建设				175.30		55.30	120.00	160.30	15.00	175.30		
5.1.1	智慧保护区网站升级改造	项	1	10.00	10.00			10.00	10.00		10.00		软件开发与系统集成服务，含信息化基础设施、信息资源平台、数据交换共享平台、应用支撑平台、交互式应用平台
5.1.2	智慧保护区软件开发集成	项	1	100.00	100.00			100.00	100.00		100.00		
5.1.3	自媒体建设平台	项	1	10.00	10.00			10.00	10.00		10.00		包括微信、博客、论坛/BBS、百度贴吧等网络社区
5.1.4	计算机网络设备	套	1	20.00	20.00		20.00		20.00		20.00		含路由器、交换设备、集线器、网络控制设备、网络连接检测设备等
5.1.5	服务器	台	1	5.00	5.00		5.00		5.00		5.00		
5.1.6	信息安全设备	套	1	10.00	10.00		10.00		10.00		10.00		包括防火墙、入侵检测和防御设备、漏洞扫描设备、虚拟专用网终端安全设备、计算机终端安全专用网等
5.1.7	机房辅助设备	套	1	5.00	5.00		5.00		5.00		5.00		机柜、机房环境监控设备

（续）

序号	项目建设内容	技术经济指标			合计投资	投资构成			年度安排		资金来源		备注
		单位	数量	单价		建安	设备	其他	第一年	第二年	中央	地方	
5.1.8	不间断电源	个	1	0.30	0.30		0.30		0.30		0.30		
5.1.9	全彩LED显示屏	块	1	15.00	15.00		15.00			15.00	15.00		
5.2	行政管理系统				130.70		130.70		75.70	55.00	130.70		
5.2.1	空调	台	20	0.30	6.00		6.00		6.00		6.00		含标本保存室使用
5.2.2	保密电脑	台	2	1.00	2.00		2.00		2.00		2.00		系统平台、数据处理、网站维护
5.2.3	台式电脑	台	10	0.50	5.00		5.00			5.00	5.00		管理局和4个保护管理站、档案室等
5.2.4	笔记本电脑	台	4	0.70	2.80		2.80		2.80		2.80		
5.2.5	A3彩色激光打印机	台	2	0.85	1.70		1.70		1.70		1.70		
5.2.6	A4激光打印机	台	4	0.15	0.60		0.60		0.60		0.60		
5.2.7	传真机	台	4	0.20	0.80		0.80		0.80		0.80		
5.2.8	中高速复印机	台	1	2.50	2.50		2.50		2.50		2.50		
5.2.9	高速文档扫描仪	台	2	0.60	1.20		1.20		1.20		1.20		
5.2.10	碎纸机	台	11	0.10	1.10		1.10		1.10		1.10		
5.2.11	投影仪	台	1	1.00	1.00		1.00		1.00		1.00		
5.2.12	电脑电视一体机	台	6	1.00	6.00		6.00		6.00		6.00		
5.2.13	视频会议系统设备	套	1	100.00	100.00		100.00		50.00	50.00	100.00		含视频监控系统、基站建设、供电设备、信息采集设备、数据传输设备、图像处理分析设备、地面监控设备、终端接收显示设备
5.3	科普宣教系统	套	1	20.00	20.00		20.00		20.00		20.00		无线安全系统建设，WiFi或WAPI
二	工程建设其他费用				159.40			159.40	108.31	51.08	159.40		
1	建设单位管理费				28.46			28.46	19.06	9.40	28.46		
2	咨询、勘察、设计费				69.97			69.97	48.43	21.55	69.97		
3	工程监理费				53.13			53.13	35.58	17.55	53.13		
4	招投标及审计费				7.83			7.83	5.24	2.59	7.83		
三	基本预备费				126.57			126.57	84.84	41.73		126.57	

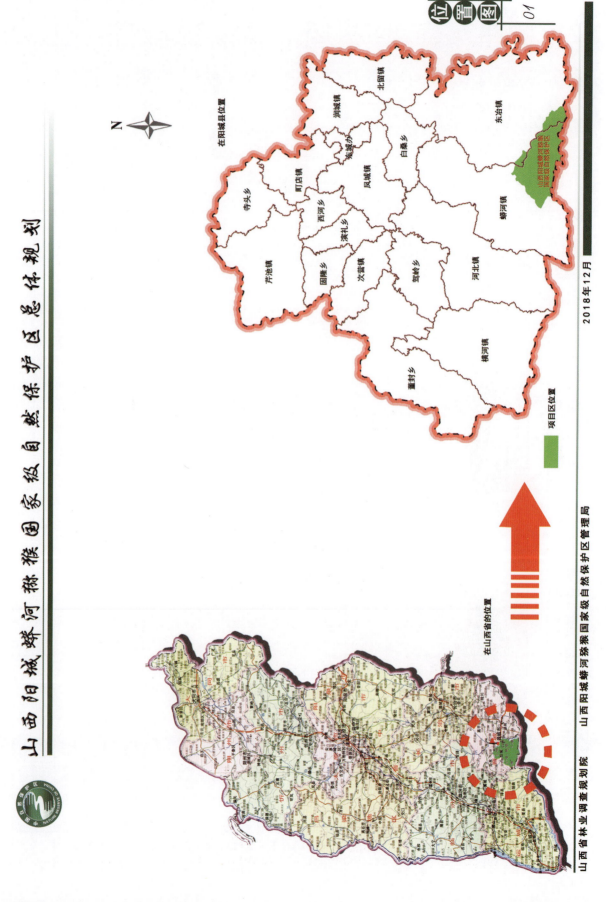

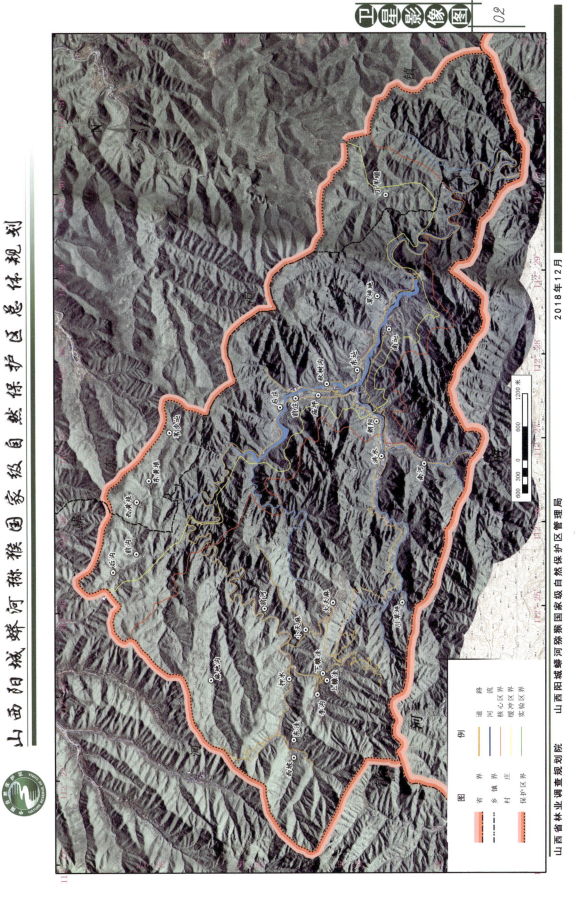

山西阳城蟒河猕猴国家级自然保护区总体规划(2019—2028年)及可行性研究报告

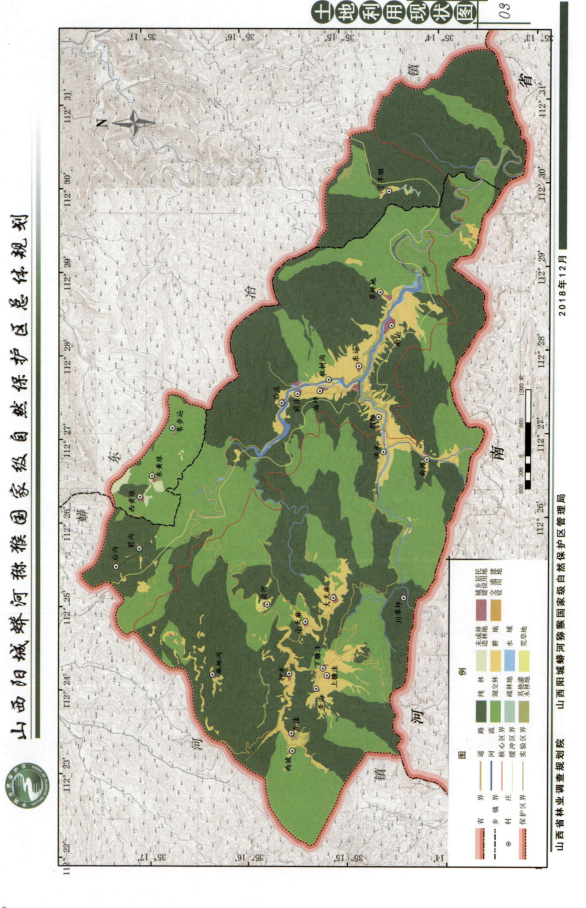

山西阳城蟒河猕猴国家级自然保护区总体规划

山西阳城蟒河猕猴国家级自然保护区总体规划(2019—2028年)及可行性研究报告

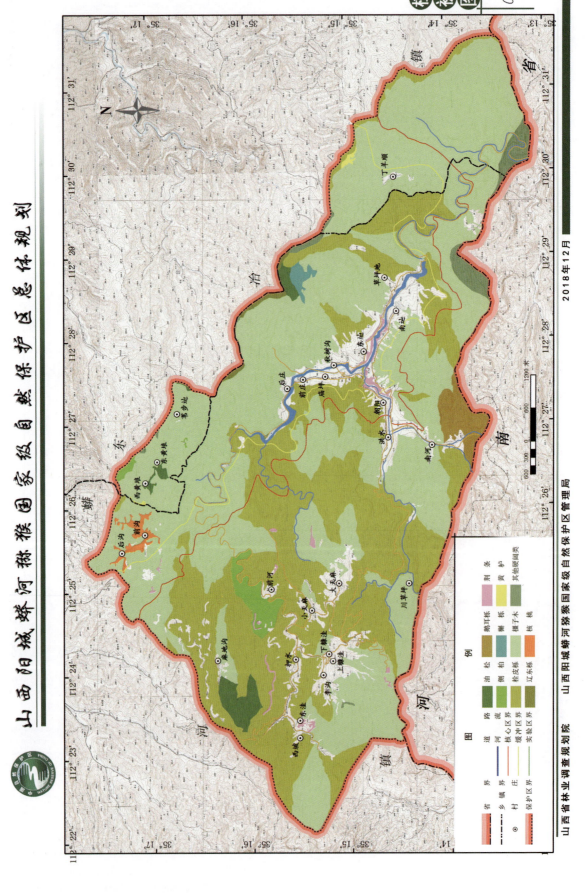

142

附 图

山西阳城蟒河猕猴国家级自然保护区总体规划

重点保护野生植物分布图

143

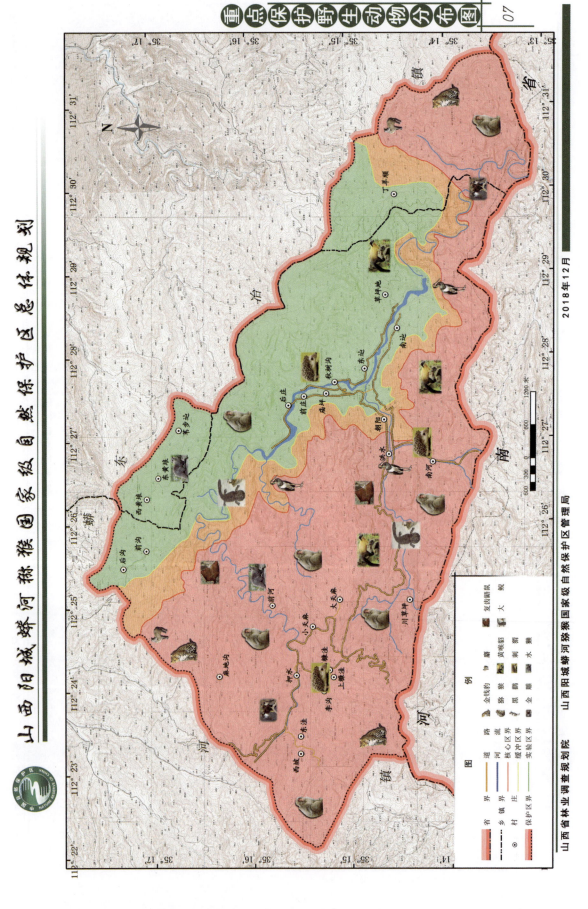

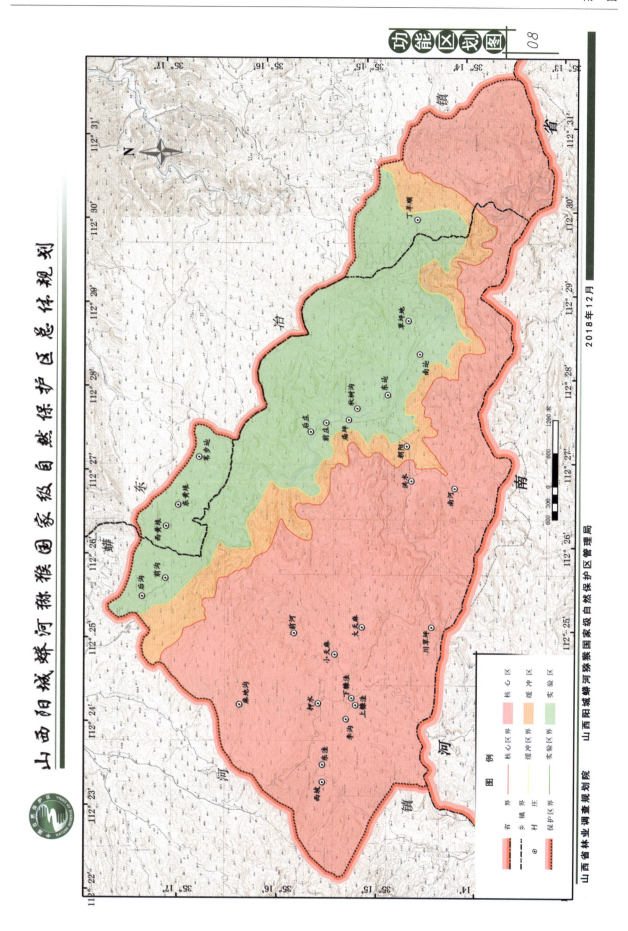

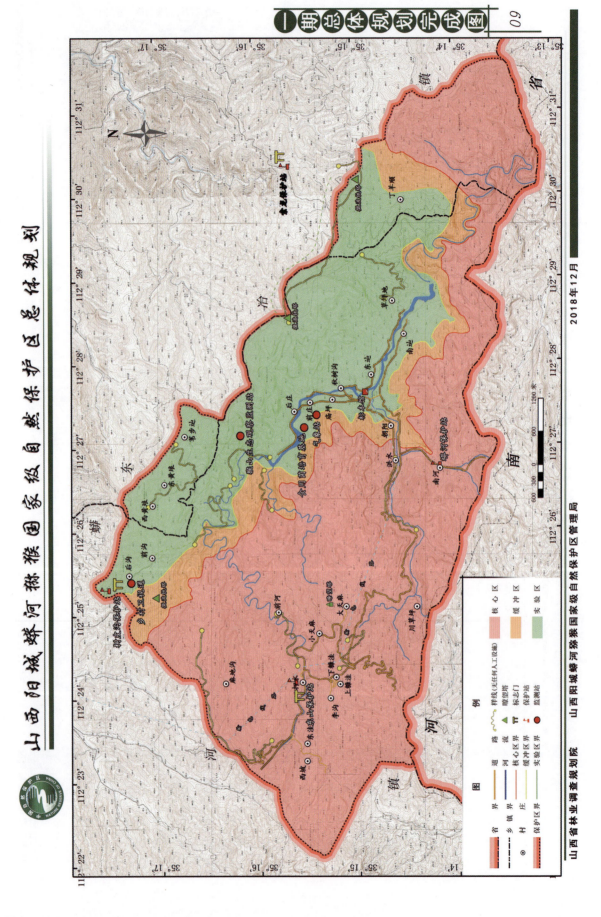

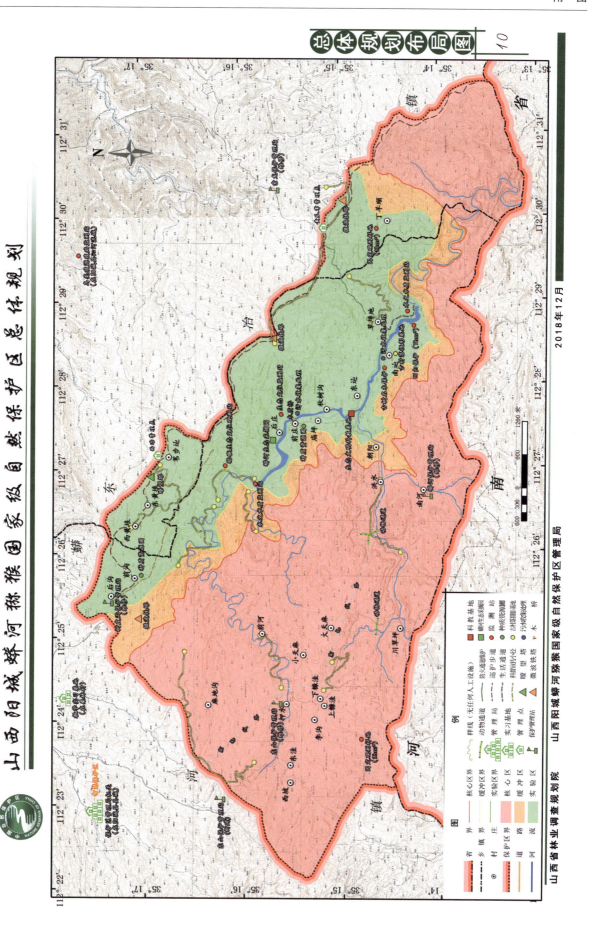

山西阳城蟒河猕猴国家级自然保护区总体规划(2019—2028年)及可行性研究报告

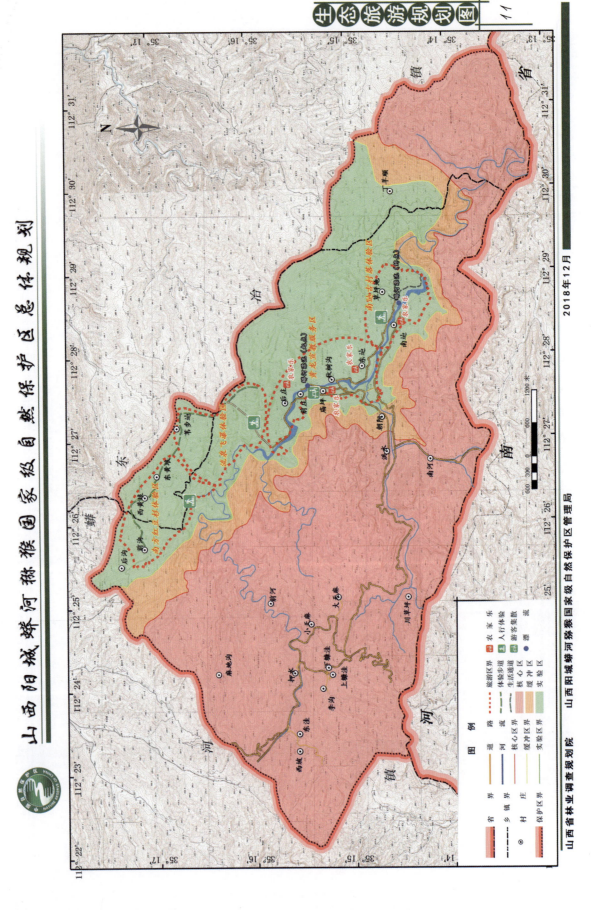

148